青少年成长必读：人文科学知识丛书

人类历史上的伟大发现

彩图版

张 轩 主编

天津出版传媒集团
天津科学技术出版社

图书在版编目(CIP)数据

人类历史上的伟大发现 / 张轩主编. —天津：天津科学技术出版社，2012.4（2019.6重印）

（青少年成长必读·人文科学知识丛书）

ISBN 978-7-5308-6917-8

Ⅰ.人… Ⅱ.①张… Ⅲ.①科学发现—青年读物②科学发现—少年读物 Ⅳ.①N19-49

中国版本图书馆CIP数据核字（2012）第064826号

人类历史上的伟大发现

RENLEI LISHISHANG DE WEIDA FAXIAN

责任编辑：郑　新

出　　版：	天津出版传媒集团 天津科学技术出版社
地　　址：	天津市西康路35号
邮　　编：	300051
电　　话：	（022）23332674
网　　址：	www.tjkjcbs.com.cn
发　　行：	新华书店经销
印　　刷：	三河市燕春印务有限公司

开本 700×1000mm 1/16　印张 9　字数 150 000

2019年6月第1版第3次印刷

定价：29.80元

前言
FOREWORD

  今天，当我们身处这个科技发达、物质丰富的时代，我们应当感谢所有为构筑现代物质文明作出过贡献的人们，是他们改变了人类历史的进程，缔造了如今舒适、惬意的生活。

  本书专为广大青少年朋友精心编写，掀开历史画卷，我们从中筛选了人类历史上最具震撼力的一百个发现。成功的发现推动了社会的发展，造就了今天的现代文明。诸如：日心说、南极大陆、万有引力……这些伟大的发现是人类智慧的结晶，凝结着众多发明家的心血和汗水，对人类社会的影响极其深刻，从根本上改变了人类的思维观念和对世界的认识。本书以极其简练的文字，大量珍贵的历史图片，记录了人类值得记忆的每一个精彩的瞬间，生动地再现了波澜壮阔而极具震撼的历史画面，使青少年朋友在完整、全面的阅读中，受到启发，从而受益无穷。

目录 CONTENTS

- 日心说
  ——新宇宙观的诞生/ 6
- 行星运动三大定律
  ——天文学史上最伟大的发现之一/8
- 哈雷彗星
  ——太阳系中最明亮的彗星/ 10
- 星云假说
  ——太阳系起源的假说/ 12
- 天王星
  ——现代发现的第一颗行星/ 14
- 海王星
  ——"笔尖上的发现"/16
- 太阳黑子周期
  ——不平静的太阳表面/18
- 冥王星
  ——矮行星的发现/ 20
- 脉冲星
  ——"调皮"的变星/ 22
- 好望角
  ——恐怖的"死亡角"/ 24
- 美洲大陆
  ——梦想中的"亚洲大陆"/ 26
- 欧印航线
  ——通往东方的航线/ 28
- 首次环球航行
  ——首次证明地球是球体/ 30
- 南极大陆
  ——喧嚣的白色大陆/ 32
- 厄尔尼诺
  ——灾难的代名词/ 34
- 勾股定理
  ——几何学的基石/ 36
- 0 的发现
  ——真正触摸到无限的世界/ 38
- 浮力定律
  ——澡盆里的发现/ 40
- 帕斯卡定律
  ——流体力学的基石/ 42
- 惯性定律
  ——经典力学体系的基础/ 44
- 万有引力
  ——苹果落地的启发/ 46
- 雷电本质
  ——电学史的新纪元/ 48
- 电流磁效应
  ——电磁学时代到来的标志/ 50
- 安培定律
  ——电动力学的基础/ 52
- 欧姆定律
  ——电学中的重要定律/ 54
- 电磁感应
  ——电磁学领域的重大发现/ 56
- 能量转换和守恒定律
  ——一切科学的基石/ 58
- 电磁波
  ——无线电技术的新纪元/ 60
- 电子
  ——第一个基本粒子/ 62
- X 射线
  ——奇妙的光线/ 64
- 镭
  ——打开探索原子世界的大门/ 66
- 原子核
  ——原子科学的丰碑/ 68
- 超导
  ——低温世界的"魔术盒"/ 70

- 中 子
  ——打开原子核大门的钥匙/ 72
- 磷
  ——燃烧的"鬼火"/ 74
- 氮 气
  ——"窒息的空气"/ 76
- 氧 气
  ——燃烧学最坚固的基石/ 78
- 燃烧理论
  ——一场深刻的化学革命/ 80
- 氢 气
  ——最轻的气体/ 82
- 分子原子学说
  ——近代化学的重要基础/ 84
- 碘
  ——海洋植物中的元素/ 86
- 臭 氧
  ——天然的保护屏障/ 88
- 同位素
  ——丰富化学元素的概念/ 90
- 纳米科技
  ——21世纪三大技术之一/ 92
- 中草药
  ——中国传统的精髓/ 94
- 解剖学
  ——向人类生育史发起的成功挑战/ 96
- 血液循环
  ——机体重要的机能/ 98
- 微生物
  ——另一个生命"小王国"/ 100
- 天花疫苗
  ——医学史上的伟大发现/ 102
- 生物电
  ——医学史上的伟大创举/ 104
- 麻醉剂
  ——偶然的发现/ 106
- 进化论
  ——人类认识生物界的基石/ 108
- 遗传学说
  ——揭开遗传的奥秘/ 110
- 细菌学说
  ——微生物学的分支学科/ 112
- 细核杆菌
  ——征服结核病的基础/ 114
- 病 毒
  ——开创病毒学独立发展的历程/ 116
- 血 型
  ——输血疗法的基础/ 118
- 精神分析学说
  ——现代心理学的奠基石/ 120
- 维生素
  ——营养学中的领先作用/ 122
- 条件反射
  ——生物科学的革命/ 124
- 链霉素
  ——人类战胜结核病的新纪元/ 126
- DNA双螺旋结构
  ——分子生物学的崛起/ 128
- 噬菌体
  ——分子生物学的研究基础/ 130
- 庞贝古城
  ——被吞噬的繁华/ 132
- 恐龙化石
  ——揭秘史前地球霸主灭绝真相/ 134
- 始祖鸟化石
  ——地球上最古老的"鸟"/ 136
- 汉谟拉比法典
  ——最早最完备的成文法典之一/ 138
- 吐坦哈蒙陵墓
  ——穿越时空的诅咒/ 140
- 北京人
  ——世界文化遗产中的奇迹/ 142

日心说
新宇宙观的诞生

1543年,哥白尼向世界宣告了一个崭新宇宙观的诞生——日心说,它否定了在西方统治达1000多年的地心说,引起了人类宇宙观的重大革新,从根本上动摇了欧洲中世纪宗教神学的理论支柱,成为天文学史上一次伟大的革命。

自古以来,人类就对宇宙的结构不断地进行着思考,早在古希腊时期就有哲学家提出了关于地球在运动的主张,只是当时没有得到人们的认可。

在中世纪的欧洲,托勒密主张地心说,认为地球是静止不动的,其他的星体都围着地球这一宇宙中心旋转。由于这个学说符合神权统治理论的需要,与基督教会所渲染的"上帝创造了人,并把人置于宇宙中心"的说法刚好不谋而合,处于统治地位的教廷便竭力支持地心学说,把地心说和上帝创造世界融为一体,用来愚弄人们,维护自己的统治。因而地心学说被教会奉为和《圣经》一样的经典,长期居于统治地位。在当时,如果有谁怀疑地心说,那就是亵渎神灵,大逆不道,要受到严厉制裁。这种状况一直持续到哥白尼时代。

哥白尼对天文学一直有着浓厚的兴趣,他广泛涉猎古代天文学书籍,很早就开始用仪器从事天文观测。在意大利帕多瓦大学留学时,该校的天文学教授诺法拉对地心说表示怀疑,认为宇宙结构可以通过更简单的图式表现出来。在他的思想熏陶下,哥白尼渐渐萌发了关于地球自转和地球及行星围绕太阳公转的见解。

回到波兰后,哥白尼继续进行长期天象观测和研究,

哥白尼

更进一步认定太阳是宇宙的中心。因为行星的顺行逆行是地球和其他行星绕太阳公转的周期不同造成的假象，表面上看起来好像太阳在绕地球转，实际上则是地球和其他行星一起，在绕太阳旋转。

长期的观察和大量数据的积累，终于让哥白尼创立了以太阳为中心的日心说。为避免教会的迫害，起初，他只是将自己的主要观点写成一篇名为《浅说》的文章，抄赠给一些朋友。但是在探索真理的强烈冲动下，哥白尼还是决心将自己的心血公之于众。

哥白尼的"日心说"理论

1543年，这部6卷本的科学巨著《天体运行论》几经周折，终于面世。书中，哥白尼批判了托勒密的理论，科学地阐明了天体运行的现象，推翻了长期以来居于统治地位的地心说，并从根本上否定了基督教关于上帝创造一切的谬论。然而此刻，哥白尼的生命也走到了尽头。他在临终前才看到这本还散发着油墨清香的著作，他用冰冷的双手颤抖地抚摸着期盼已久的著作。1小时之后，哥白尼溘然长逝。

《天体运行论》完整地提出了日心说理论。这个理论体系认为，太阳是行星系统的中心，一切行星都绕太阳旋转。地球也是一颗行星，它一面像陀螺一样自转，一面又和其他行星一样围绕太阳转动。

日心说把地球从宇宙中心驱逐出去，显然违背了基督教义，为教会势力所不容。

为了捍卫这一学说，不少志士仁人与黑暗的神权统治势力进行了前仆后继的斗争，付出了血的代价。开普勒、布鲁诺等自然科学家，都为这场斗争作出过重要贡献。

名人名言

人的天职在勇于探索真理。
——哥白尼

行星运动三大定律

天文学史上最伟大的发现之一

德国杰出的天文学家和数学家开普勒,通过长期研究第谷留下来的大量天文观测数据,提出了行星运动的三大规律,大大丰富和发展了哥白尼的日心说,从数学和物理学角度证明哥白尼学说的正确性,从而使它更加接近真理,同时也为牛顿万有引力定律的发现打下了基础。

早期的开普勒深受柏拉图和毕达哥拉斯神秘主义宇宙结构论的影响,以数学的和谐性去探索宇宙。他用古希腊人已经发现的5个正多面体,跟当时已知的6颗行星的轨道相结合,从而解释了太阳系中包括地球在内恰好有6颗行星以及它们的轨道大小的原因。他把这些结论整理成书发表,定名为《宇宙的秘密》。这个设想虽然带有浓重的神秘主义色彩,但也是一个大胆的探索。后来,开普勒在伽利略的影响下,通过对行星运动的深入研究,抛弃了柏拉图和毕达哥拉斯的学说,逐步走上真理和科学的轨道。

对火星轨道的研究是开普勒重新研究天体运动的起点。因为在第谷遗留下来的数据资料中,火星的资料是最丰富的,而哥白尼的理论在火星轨道上的偏差却最大。

起初,开普勒的研究还局限在第谷遗留下来的观测资料中。传统观念认为,行星做匀速圆周运动。但是经过反复推算,都不能算出同第谷的观测相合的结果。虽然黄经误差最大只有8′,但是他坚信观测的结果。经过一次次分析计算,开普勒想到,火星可能不是做匀速圆周运动的,也

开普勒

就是说如果火星轨道不是正圆，而是椭圆，那么矛盾就会迎刃而解。于是，他改用各种不同的几何曲线来表示火

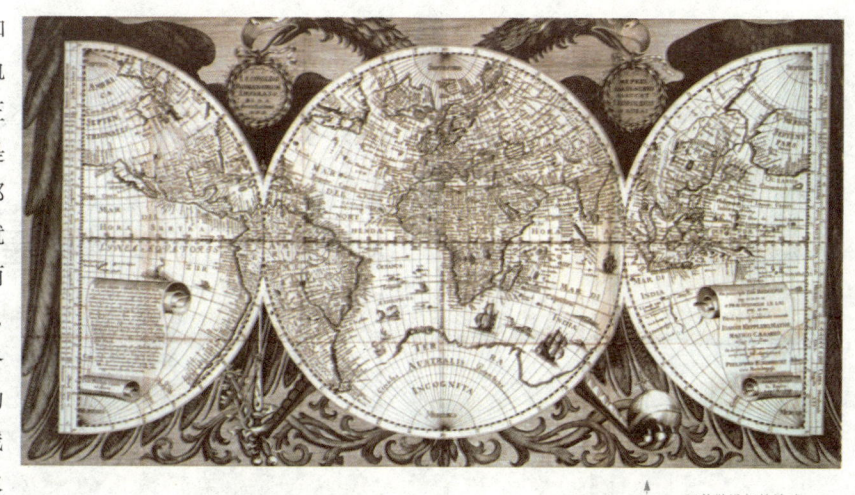

开普勒设想的地球

星的运动轨迹，经过细致而复杂的计算以后，终于发现："行星沿椭圆轨道绕太阳运行，太阳位于椭圆的一个焦点上。"这就是行星运动第一定律，又叫"轨道定律"。这个发现把哥白尼学说向前推进了一大步。

接着他又发现，火星运行速度虽不均匀（最快时在近日点，最慢时在远日点），但从任何一点开始，在单位时间内，向径扫过的面积却是不变的。这样，就得出了关于行星运动的第二条定律："行星的向径，在相等时间内扫过相等的面积。"开普勒还指出，这两条定律也适用于其他行星和月球的运动。

经过长期繁复的计算和无数次失败，1612年，开普勒终于发现了行星运动的第三条定律："行星公转周期的平方等于轨道半长轴的立方。"这一结果发表在1619年出版的《宇宙和谐论》中。

开普勒解释哥白尼日心说的模型

开普勒的行星运动三定律首次定量地揭示了行星运动速度变化和轨道的关系，而运动速度变化又直接和作用力相联系。这一定律改变了整个天文学，彻底摧毁了托勒密复杂的宇宙体系，完善并简化了哥白尼的日心说，并导致了数十年后万有引力定律的发现。开普勒也因此得到了"天空立法者"的美誉。

名人名言

类比是最可信赖的老师。它能揭示自然界的秘密，在几何中，它是最不容忽视的。

——哥白尼

哈雷彗星
太阳系中最明亮的彗星

众多彗星中最著名的当数太阳系中最明亮、最活跃的彗星——哈雷彗星，它是最早被确认的一颗周期彗星。哈雷彗星的发现，是天文学领域内的一项杰作，为天文学的研究打开了新的局面。如今，哈雷彗星的回归，已经成了人们密切关注的一种天文现象。

提起哈雷，我们都不会感到陌生，因为彗星中的佼佼者——哈雷彗星就是以他的名字命名的。哈雷彗星每一次回归，都会让这位天文学家的英名大放异彩。

1656年，哈雷出生在伦敦附近的哈格斯顿。17岁时，哈雷进入牛津大学女王学院学习数学。1676年，哈雷毅然放弃了学位证书，只身乘船去了南大西洋的圣赫勒纳岛。在岛上，他建立起人类第一个南天观测站，进行了1年多的天文观测，测编了世界上第一份精度很高的南天星表，被人们誉为"南天第谷"。

16世纪末，第谷曾对彗星进行过观测，并提出彗星是天体，但对于它是什么样的天体并不清楚。而当时的天文学家普遍认为彗星是在恒星之间的漂泊不定的"怪物"，它的行踪无法预测。17世纪初，牛顿开始把他的万有引力理论应用于天体研究，以确定行星、卫星以及彗星的运动。作为牛顿的挚友和同事，哈雷对牛顿的计算结果产生了极大的兴趣，尤其对彗星情有独钟。

1682年8月，天空中出现了一颗用肉

14世纪的意大利画家乔托所画的"三博士礼拜"的背景，在耶稣诞生的畜棚屋顶上，有一颗拖着红色尾巴的彗星。在之前的1302年，哈雷彗星曾出现过，乔托画的星可能源自对哈雷彗星的记忆。

眼可见的亮彗星，它的后面拖着一条清晰可见的、弯弯的尾巴。这颗彗星的出现引起了几乎所有天文学家们的关注。当时，哈雷对这颗彗星更为感兴趣。他仔细观测、记录了彗星的位置和它在星空中的逐日变化。经过一段时期的观察，他惊讶地发现，这颗彗星好像不是初次光临地球的新客，而是似曾相识的老朋友。

在后来整理彗星观测记录的过程中，哈雷发现1682年出现的这颗彗星的轨道根数，与1607年开普勒观测的和1531年阿皮延观测的彗星轨道根数相近，出现的时间间隔都是75年或76年。

爱德蒙·哈雷

1684年，哈雷亲自去拜访了牛顿，并且与牛顿展开了激烈的讨论。回家以后，他运用牛顿万有引力定律反复推算，终于得出结论，这3次出现的彗星，并不是3颗不同的彗星，而是同一颗彗星周期性地出现了3次。哈雷以此为据，预言这颗彗星将于1758年底或1759年初再次出现。

1758年底，就在哈雷已经去世10多年后，他所预言的那颗彗星被一位天文爱好者观测到了。1759年3月，全世界的天文台都在等待哈雷预言的这颗彗星。3月13日，这颗明亮的彗星拖着长长的尾巴，准时地回到了太阳附近。哈雷在18世纪初的预言，经过半个多世纪的时间终于得到了证实。为了纪念哈雷，人们就把他发现的这颗彗星以他的名字命名，这也就是今天人人所知的哈雷彗星。

根据哈雷的计算，预测这颗彗星将于1835年和1910年再次回来，结果，这颗彗星都如期而至。彗星多数是小彗星，直接用肉眼很难看到，只有极少数彗星，被太阳照得很明亮、拖着长长的尾巴，才能被我们看见。哈雷彗星的最后一次回归是1986年，中国和各国一样对它进行了大量的观测，发现了断尾现象。而它的再次回归要等到2061年左右。

这是哈雷彗星在1910年回归时拍摄的照片，它原本是黑白的，科学家用电脑给它加上假色彩，这样可以清楚地看到蓝色灰尘尾巴上的紫色离子尾巴。

星云假说

太阳系起源的假说

关于地球的起源,中国古代就有盘古开天辟地的神话,在国外则流行着上帝耶和华创造太阳、地球的说教。直到18世纪,人们才开始科学地探索地球的起源。康德和拉普拉斯的星云假说比较圆满地解释了太阳系的基本特征。据目前观察的事实,也与星云假说基本符合。

从哥白尼创立日心体系始,他的后继者开普勒发现行星运动定律,继而牛顿以他的运动定律和万有引力定律成功地解释了行星运动的物理原因。太阳系的结构完全搞清楚了,人们很自然地就会对太阳系的起源产生兴趣。

关于这个理论的探索,虽然已有200余年历史,但基本上还只是一些揣测的看法。没有人能目睹行星的形成,太阳系的起源至今仍停留在假说的阶段。人们根据太阳系的现状及特征,设想着它的形成过程。

天文学家通过对太阳系的整个图像的研究,发现了太阳系整个结构中某些统一的特征,诸如:共面性、同向性、近圆性等。根据这些特征,天文学上最合理的推测是,行星系统是由同一薄层物质所形成的。

据此,1755年,德国哲学家康德出版了《宇宙发展史概论》一书,这本书中首次提出了太阳系起源的星云假说,康德用牛顿的万有引力原理解释了太阳系的起源及初始运动问题。

康德星云假说的主要内容是:宇宙中散布着微粒状的弥漫物质,称为原始物质。在万有引力作用下,较大的微粒吸引较小的微粒,并逐渐聚集加速,结果在弥漫物质团的中心形成巨大的球体,即原始太阳。周围的微粒在向太阳这一引力中心垂直下落时,一部分因受到其他微

康德,德国哲学家、天文学家,星云说的创立者之一,德国古典唯心主义创始人。

粒的排斥而改变了方向，便斜着下落，从而绕太阳转动。最初，转动有不同的方向，后来有一个主导方向占了上风，便形成一扁平的旋转状星云。云状物质后又逐渐聚集成不同大小的团块，便形成行星。行星在引力和斥力的共同作用下绕太阳旋转。

康德关于太阳系是由宇宙中的微粒在万有引力作用下逐渐形成的基本观点是可取的，它能说明行星的运行轨道具有的共面性、近圆性、同向性等特点。但康德的假说解释不了太阳系的角动量来源，所以提出后并未立即引起人们的注意。

蟹状星云

1796 年，法国科学家拉普拉斯在他的《宇宙体系论》中独立地提出了与康德类似的另外一个星云假说，使得太阳系起源与演化的研究受到了更多的重视。拉普拉斯与康德的观点基本一致，只是拉普拉斯的假说在细节上做了很多动力学方面的解释，与康德的假说相比，论证更严密、更合理、更完善。因此，人们把他们俩人的假说合称为康德—拉普拉斯星云假说。

最近几十年，随着恒星演化理论的发展，星云说被赋予新的科学内容。

首先，康德认为形成太阳系的是银河星云的整体。现在看来，形成太阳系的仅仅是银河星云的一个很小的碎块。星云的质量远大于一般的恒星，而它的球状碎块的质量，大体上与一颗普通恒星相当。

其次，拉普拉斯认为形成太阳系的星云物质是炽热的。如今看来，形成太阳系的星云物质是低温的，它的温度仅比绝对零度高出 10~100K。因此，从星云到太阳系的形成是由冷变热的历史，而不是由热变冷的历史。

天王星
现代发现的第一颗行星

天王星是人类有记载历史以来所发现的第一颗行星。它的发现扩大了太阳系的范围,人们开始重新认识太阳系,对行星的划分也有所改变。这无疑是人们在探索宇宙的道路上迈出的十分了不起的一步。

天王星是太阳系中离太阳第七远的行星,从直径来看,是太阳系中第三大行星。天王星的体积比海王星大,质量却比其小。

天王星是由英国著名的天文学家威廉·赫歇尔发现的,它是现代发现的第一颗行星。

早在1690年,便有人已观测到天王星的存在,但当时却把它忽略了。事实上,它曾经被观测到许多次,只不过当时被误认为是另一颗恒星。

威廉·赫歇尔

1781年3月13日深夜,赫歇尔和往常一样,将自制的望远镜架在楼顶的平台上,指向预定目标——双子星座。突然,视场内出现了一个略显暗绿色的光点。凝神一看,似乎又是一个极小的圆面。赫歇尔心中不禁怦然一动,敏锐的他马上意识到:这绝不是恒星!他换上了倍数更大的目镜观察,结果发现这个圆面又大了不少。

据此,他马上断定,所看到的天体一定是太阳系中的。对于恒星而言,不管多大的望远镜,也不可能把它放大成圆面(只能使星点更亮些)。第二天夜晚,他又把望远镜对准了这个目标,这个圆面的位置已经稍稍变动了些。连续数日的观测使他肯定了自己的判断。

为了慎重起见，4月26日，他还是先把它当做彗星，写了一篇名为《一颗彗星的报告》的文章呈给英国皇家学院。赫歇尔在报告中指出，这颗闯入镜头的"新客"是一颗无尾彗星。他企图用抛物线以及用极长的椭圆去表示新星的轨道，始终没有成功。他后来发现这颗新星的轨道接近圆形，并算出它的半径等于19个天文单位。至此，真相大白：威廉·赫歇尔发现的是太阳系中的新行星。赫歇尔公布了这一发现后，科学界几经迟疑，终于承认了这是一颗新发现的行星。在此以前，长期以来人们公认土星是太阳系的边缘，现在被天王星所代替。要打破这一边界可不是件容易的事情。赫歇尔的发现引起了非常大的轰动。

天王星是太阳系的第七颗行星，在太阳系中的体积是第三大（比海王星大），质量排名第四（比海王星轻）。它的名称来自古希腊神话中的天空之神乌拉诺斯，他是克洛诺斯（农神）的父亲，宙斯（朱比特）的祖父。

赫歇尔建议把他发现的这颗行星叫做乔治星，以纪念他的资助者——当时的英国国王乔治三世。这个提议遭到了其他天文学家的反对，他们建议用赫歇尔的名字命名。在激烈地争论之后，大家一致同意依照行星命名的惯例，用希腊神话中的人物之名来命名这颗新发现的行星。

为保持一致，由波德首先提出把它称为乌拉诺斯（Uranus）（天王星），因为在神话中天王星是Saturn（土星）的父亲。这样就使得Jupiter（木星）、Saturn（土星）和Uranus（天王星）子、父、祖父三代并列于太阳系中。但这样的提法直到1850年才开始广泛使用。一些科学家仍然把这颗星叫做赫歇尔，以纪念它的发现者。在相当长的时间内，天王星和赫歇尔两个名字并存。

名人名言

今日的行动是明天的先例。

——赫歇尔

海王星
"笔尖上的发现"

海王星的发现比天王星的发现更富有戏剧性、更加激动人心，它不是天文观测偶然发现的，而是科学家"笔尖上的发现"，因而引起了更大的轰动。它证实了牛顿力学和万有引力定律的可靠性，为牛顿力学赢得了至高无上的荣誉。

天王星被发现之后，为确定其轨道，天文学家对其位置做了数年之久的观测，以确定其瞬时位置和运动速度。牛顿的运动定律和万有引力定律准确地描述了行星的绕日运动，因此只要知道行星和彗星的轨道数据，便可预报它们的位置。然而天王星的运动却出乎意料。

天王星的反常运行引起了天文学界的注意。有人认为万有引力定律对于那些远离地球的天体也许并不可靠。另一些人则提出，在天王星之外可能还有一颗未知的行星。而验证后一种揣测唯一的办法，就是运用天体力学将造成天王星运动的新行星轨道算出来。

最先从事这一工作的是英国的青年天文学家亚当斯。在剑桥大学读书时，他就开始研究天王星的运行问题。亚当斯利用课余时间进行了大量计算，并在大学毕业的那一年得出了一个计算结果。大学毕业后，他成为剑桥的研究生，这期间亚当斯继续改进他的计算结果，于1845年得出了新行星轨道的一个令人满意的计算结果（行星的轨道和质量）。

论文写好后，亚当斯来到伦敦求见皇家天文学家艾里，希望他能帮助确认这颗新行星。艾里拒绝见这位年仅26岁的无名小辈，亚当斯只

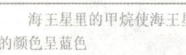
海王星里的甲烷使海王星的颜色呈蓝色

得将自己的论文写成了一篇摘要,请人转交给艾里。不料,这位天文学家根本没有把这位年轻人的发现放在眼里,而把亚当斯的计算结果束之高阁,结果使亚当斯和海王星的发现擦肩而过。

1846年9月23日,柏林天文台收到来自法国巴黎的一封快信,发信人名叫勒维耶。原来,这个名叫勒维耶的人也完成了对新行星轨道和大小的计算,写出了《论使天王星运行失常的行星,它的质量、轨道和现在位置的决定》,其结论与亚当斯基本相同。

勒维耶是在笔尖上看见这颗行星的。
——阿拉果

勒维耶将论文提交给了科学院,由于巴黎没有那一天区的详细星图,他又于当年9月18日将论文寄给了柏林天文台的天文学家加勒。9月23日,加勒收到了勒维耶的论文和信,当天晚上就将望远镜对准了勒维耶所说的天区,他仔细地记下了他所观察到的每一颗星,然后将新记录的诸星与不久前刚得到的一张详细的星图进行比较,发现在勒维耶所说的位置以外52角秒的地方有一颗星是星图上所没有的。为了可靠起见,第二天晚上他又仔细地进行了观察,发现这颗星果然移动了70角秒,正与勒维耶所预言的每天移动69角秒相符合。就这样,又一颗行星——海王星——被发现了!

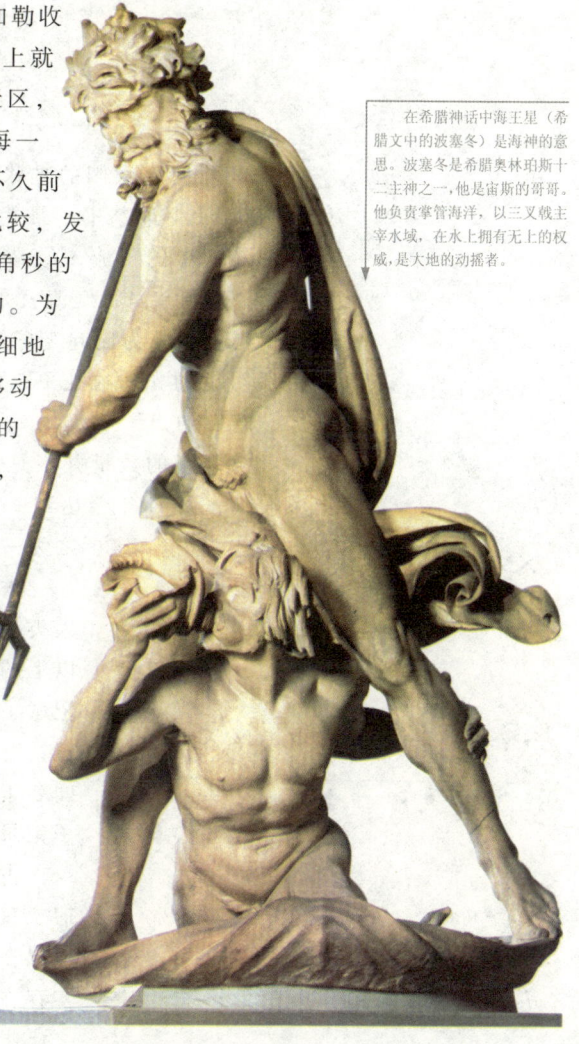

在希腊神话中海王星(希腊文中的波塞冬)是海神的意思。波塞冬是希腊奥林珀斯十二主神之一,他是宙斯的哥哥。他负责掌管海洋,以三叉戟主宰水域,在水上拥有无上的权威,是大地的动摇者。

柏林天文台将发现新行星的消息传到英国,皇家天文台台长艾里大为震惊,他马上从资料堆里找出了亚当斯的论文摘要,才知道亚当斯早就给出了同样准确的预言,而自己却错过了发现的荣誉。于是,他马上发表了亚当斯1年前的这份论文摘要,使科学界得以知道事情的真相。

太阳黑子周期
不平静的太阳表面

太阳宛如一个以固定的速率燃烧着的巨大火球，始终光辉灿烂，给大地带来了光明和温暖。然而太阳表面其实并不平静，尤其是周期性出现在太阳上的黑子，宛如水面上激起的漩涡，又仿佛是太阳脸庞上的雀斑，给人类的生活带来很大的影响。

太阳黑子是在太阳的光球层上发生的一种太阳活动，是太阳活动中最基本、最明显的现象。在太阳的光球层上，有一些漩涡状的气流，像是一个浅盘，中间下凹，看起来是黑色的，这些漩涡状气流就是太阳黑子。黑子本身并不黑，之所以觉得黑是因为比起光球来，它的温度要低一两千摄氏度，在更加明亮的光球衬托下，它就成为看起来像是没有什么亮光的、暗黑的黑子了。

太阳黑子的数量并不是固定的，它会随着时间的变化而上下波动，每11年会达到一个最高点，这11年的时间就被称之为一个太阳黑子周期。

太阳黑子是一个古老的研究对象。人类注意到黑子现象，至少已有2000年以上的历史。我国古籍《汉书·五行志》记载了"成帝河平元年三月己未，日出，黄，有黑气大如钱，居日中央"，便是闻名于世的公元前28年5月10日的大黑子记录。

古代欧洲人由于受到"天体完美无瑕、亘古不变"这种哲学思想的束缚，所以在漫长的世代中未能确认黑子的真实存在。

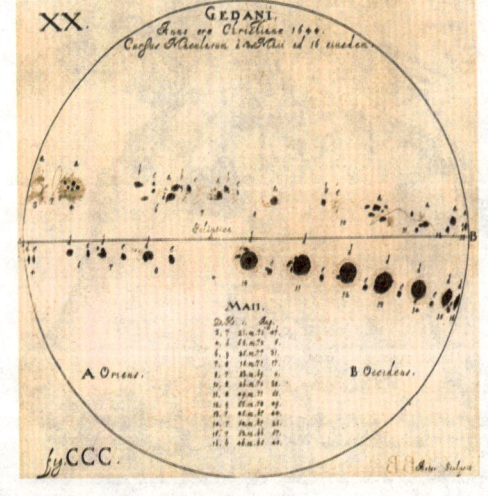

17世纪观测的太阳黑子发生的时间和在太阳表面位置的记录

自17世纪意大利科学家伽利略制造出人类历史上第一架天文望远镜之后，情况就大为改观了。太阳黑子周期的发现者不是天文学家，而是德国一位名叫亨利·施瓦布的天文爱好者。施瓦布的职业是药剂师，但他却是一个狂热而勤奋的天文迷。

19世纪初期，就在英国天文学家赫歇尔刚刚发现天王星不久，许多天文学家就开始怀疑，在水星轨道之内、离太阳很近的地方还有一颗尚未发现的大行星，它的存在使水星的运动呈现出异常状况，他们将之称为火神星。

许多天文学家和天文爱好者都想成为这颗火神星的发现者，施瓦布也是其中极热心的一个。他从1826年开始对太阳进行观测，想利用火神星凌日的机会发现它。只要天气晴朗，他的观测从不间断。

为了把太阳黑子与火神星区别开，施瓦布每天都把日面上的黑子画下来。他整整坚持画了17年，但直到1843年，他也没有找到火神星的踪影。施瓦布把积累了几柜子的黑子图全部翻出来进行比较，想从中寻觅到"火神星"的蛛丝马迹。然而，火神星没有找到，他却意外地发现了太阳黑子的11年周期变化。

施瓦布马上将自己的发现写成论文，寄到天文期刊编辑部，但是因为他是一位药剂师，编辑们根本没有理睬他。施瓦布没有气馁，继续坚持每天观测。

时间又过去了16年，1859年，施瓦布已经是一位双鬓斑白的老人。火神星依然没有踪影，而太阳黑子变化的规律却更加明显了。施瓦布把自己的观测成果告诉了一位天文学家，这位天文学家帮助施瓦布把这一重大发现公布于世。

施瓦布的发现受到天文学家的极大重视，并很快得到了证实。目前，太阳活动的11年周期变化已成为大家公认的太阳活动基本规律。

> 世界上最早关于太阳黑子的文献记载于我国的《汉书》，当中有"日黑居仄，大如弹丸"的描述。欧洲人发现太阳黑子的时间要远远迟于这个时间，而且在他们看到这种现象之后当地教会还禁止谈论，并否认太阳黑子的存在，因为这违背了宗教教义。

人类历史上的伟大发现

冥王星
矮行星的发现

20世纪初，天文学家发现了冥王星，使太阳系变成"九大行星"。由于它太远太暗，科学家赋予它地狱之神的名字，中文意译为冥王星。自获冠名以来，冥王星一直备受争议。2006年8月24日，布拉格召开国际天文学联合会将保持了76年的冥王星的行星地位降级为"矮行星"。

海王星被发现以后不久，从1850年开始，一些天文学家就分析，在海王星以外可能还有一颗未知的"新行星"。美国天文学家洛韦尔在仔细研究了天王星和海王星轨道异动的误差后，认定还存在一颗更远的"行星"。为寻找这颗他们认为的"行星"，洛韦尔付出了十几年的心血。1905年，他完成了对未知新行星运行轨道的观测推算，并且用手动照相方式进行搜寻。由于这颗"未知行星"距离地球太遥远，搜寻起来极为困难，所以直到1916年11月洛韦尔去世时，都还没有什么结果。

洛韦尔所创建的天文台继承了他的遗愿，继续不懈地搜寻着这未知的天体。1925年，洛韦尔的亲属捐献了一架性能非常好的照相望远镜，为继续搜寻新行星提供了优越的条件。

1929年，洛韦尔天文台台长邀请美国天文工作者汤博加入搜索"未知行星"的行列。汤博深知，这颗"未知行星"看起来只是个恒星状的光点，似乎和恒星没什么区别，但如果从动态观察看，它会绕着自己的恒星转，因而它的位置也在不断变化。为发现星点位置的变化，汤博想了一个办法：把它们的分布状态随时拍摄下来，再从比较中发现变化。

确定了观察方法后，汤博根据洛韦尔的计算，首先

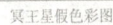

冥王星假色彩图

把冥王星所在的天空区域划分成一小块一小块，对一个个天区逐一进行搜索，并且在搜索过程中拍摄大量的底片。每隔两三天时间，汤博就要重新拍摄相同的天空区域，进行认真的比较。

汤博特地设计了一种特殊的观测装置，可以同时比较2张底片，并能够较快地寻找到发生闪烁的光点。这项艰苦的工作持续了近1年之久。

1930年2月28日，汤博正在检查一组双子星座的底片，发现其中有一颗星在一段时间内在其他星星之间跑了一段。"难道这就是洛韦尔预言但却没能找到的那颗行星？"面对日思夜盼的发现，汤博几乎不敢相信自己的眼睛。为了进一步确证清楚，他继续拍摄这个星点的照片。几个星期过去了，汤博终于确证：这个星点正是期盼已久的"新行星"。正如洛韦尔所说的那样，它是运行在海王星之外的一颗"行星"。

这是汤博在大约2万多个"嫌疑分子"中千辛万苦找到的"海外行星"。1930年3月13日，汤博对外宣布：他发现了"海外行星"！它被命名为冥王星。

由于汤博估错了冥王星的质量，因此它被认为是像地球这样的大行星。然而，经过进一步观测，天文学家发现它的质量和大小要比其他大行星小得多，因此关于冥王星是不是大行星，一直存有争议。后来天文学家确定它的直径只有2300千米，甚至比月球还要小，冥王星的"大行星"地位就岌岌可危了。在2006年8月举行的国际天文学联合会议上，它被归类为"矮行星"一列，这时汤博已经去世9年了。

冥王星身份的变化并不重要，它也许与八大行星有着完全不同的起源，这将为研究太阳系早期演化过程提供重要线索。

▼ 冥王星是太阳系中第十大围绕太阳运行的天体。它于1930年3月被发现，并以希腊神话中的哈迪斯命名，中文意译为冥王星。图为哈迪斯诱拐佩尔塞福涅。

▼ 冥王星的伴星卡戎是由美国天文学家克里斯蒂在1978年7月研究冥王星的照片时偶然发现的。

人类历史上的伟大发现

脉冲星
"调皮"的变星

脉冲星的发现被誉为是"20世纪60年代天文学上的四大发现"之一。它的发现不仅为中子星和超新星的理论提供了观测上的证据，也为恒星演化理论增加了重要的内容，而且对物理学日后的发展产生了巨大的影响，对于进一步了解宇宙的物理本质有很高的价值。

人们最早认为恒星是永远不变的。而大多数恒星的变化过程是如此的漫长，人们也根本觉察不到。然而，并不是所有的恒星都那么平静。后来人们发现，有些恒星也很"调皮"，变化多端。于是，就给那些喜欢变化的恒星起了个专门的名字，叫"变星"。

脉冲星，就是变星的一种。1967年，脉冲星首次被发现。当时，休伊什带领着女研究生乔斯琳·贝尔·伯内尔一起对来自遥远天体的射电信号进行观测和研究。研究小组专门建造了一台特殊的射电望远镜，它能够识别快速变化的脉冲信号。同年7月，这台仪器正式投入使用，用望远镜观测并担任繁重记录处理的正是贝尔。贝尔的工作之一是仔细检查射电望远镜接受器30米长的记录纸带，并在上面把来自太空的无线电讯号以弯弯曲曲的线表示出来。

望远镜对整个天空扫视一遍需4天时间，因此，每隔4天贝尔就要详细分析一遍记录纸带。由于望远镜的整个装置不能移动，所以只能依靠各天区

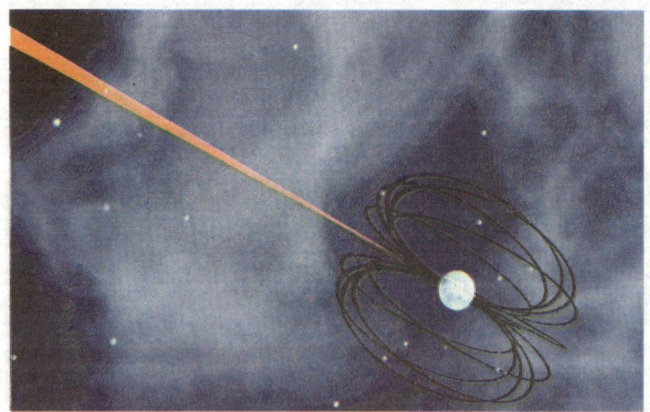

1967年，英国天文学家休伊什和贝尔偶然接收到来自狐狸座的脉冲射电信号，确认这是一种星体发射出来的，并称这种星体为脉冲星，后来脉冲星被证实是中子星。

的周日运动进入望远镜的视场进行逐条扫描。贝尔必须用双眼仔细地审视记录纸带。她既要从纸带上分离出各种人为的无线电信号，又要把真正射电体发出的射电信号标示出来。这是一项枯燥、艰苦的工作，需要观测者极度的细心与耐心。

脉冲星的发现者之一乔斯琳·贝尔·伯内尔

1967年8月，贝尔在部分纸带上发现了一些稀奇的信号。这天，当她看到与本星期初从天空相同部分的狐狸星座中记录下来的相似信号再次出现时，感到很惊奇。遗憾的是，两次记录下来的信号都只有1厘米纸带长度，并且贝尔把这个现象归因于局部的地上无线电干扰。于是，她把这个记录放在一边。幸运的是，到了11月，新的研究需要用到高速记录器，引起注意的这种信号再次出现了。

11月28日，贝尔终于获得了清晰的连续脉冲图。她惊奇地发现自己所记录到的曲线看上去好像毫无规律，但仔细观测，就会发现这中间掩藏着一组极有规律的脉冲信号——脉冲周期只有1.337秒，短而且非常稳定；脉冲随天体的东升西落而移动，脉冲来自狐狸星座方向。

贝尔兴奋地把这一发现告诉了她的导师休伊什，休伊什对此大感兴趣。第二天同一时间，在同一天区通过视场的时候，奇怪的脉冲信号又出现了。经过缜密的思考和分析，休伊什提出这种天体可能是一种脉动着的恒星，在不断地膨胀、收缩或变形，每一次脉动都对应着一次能量爆发。

天文学家发现蟹状星云中也有一颗脉冲星，这为脉冲星的形成理论提供了观测证据。

1968年2月，休伊什等人在英国《自然》杂志上发表了题为《对一个快速脉动射电源的观测》的报道，文中称剑桥研究组发现狐狸星座有一颗星发出一种周期性的电波。经过系统观测和仔细分析，他们认为这是一种未知的天体。因为这种星体不断地发出电磁脉冲信号，因此被命名为脉冲星。

脉冲星的发现为天文学的研究写下了新的篇章。研究脉冲星有助于我们了解星体坍缩时的情况，还可通过对它们的研究揭示宇宙诞生和演变的奥秘。事实证明，每颗脉冲星都有与众不同之处：有些亮度极高；有些会发生星震，顷刻间使转速陡增；有些在双星轨道上有伴星……总之，每次新发现都会带来一些珍贵的、新奇的资料，这可以帮助人类进一步了解宇宙。

名人名言

没有乔斯琳·贝尔的聪明和执著，我们不能获得脉冲星的喜悦。

——曼彻斯特

好望角
恐怖的"死亡角"

在迪亚士之前,西欧还没有人从海路到过东方的印度和中国。迪亚士首次发现了好望角,为打开西欧与东方的海上航路奠定了基础。在1869年之前的300多年里,好望角航路曾一度是欧洲人前往东方的唯一海上通道。

巴托罗缪·迪亚士

从很早的时候起,欧洲人就开始从东方进口各种香料和珠宝。不过,那时和东方的直接贸易都控制在阿拉伯人和意大利人手中,因此,欧洲人不得不为此付出高价。到了15世纪,欧洲人开始寻找直接和东方进行贸易的途径。其中,航海业已经相当发达的葡萄牙表现得最为积极。

1487年7月,36岁的巴托罗缪·迪亚士奉葡萄牙国王之命,率3艘探险船沿非洲西海岸南下,去寻找绕过非洲南端进入印度洋的航路。船队沿非洲海岸南行,开始时十分顺利,他们没有多长时间就到达了西南非洲海岸中部的瓦维斯湾。但是,他们不久就发现,在继续往南的航行中,海岸线变得越来越模糊。为了加快航速,迪亚士命令船速较慢的补给船先行返航。

顽强的迪亚士揭开了好望角神秘的面纱,他的名字也永远与好望角连在一起。

正当他们为航行顺利而庆幸时,船队遇上了一场大风暴,咆哮的海浪铺天盖地地扑向船队。可怕的风暴把落了帆的船只推向南方。10多天之后,风暴才平息下来。根据以往的航海经验,迪亚士知道,沿非洲大陆南行时,只要向东航行就必然会停靠在海岸边。于是他下令调转方向,向东航行!

船队连续向东航行了好几天。可是,他们并没有看到预料中会出现的非洲海岸线,反而似乎越来越远了。面对这样的情况，迪亚士以其丰富的经验分析，认为船队很可能已经绕过非洲的最南端了，所以越向东航行反而离大陆越远。于是，他下令调转船头，向北前进！

果然，几天后他们又看见了陆地的影子，不久就抵达了现在的莫塞尔湾。这时，迪亚士发现，海岸线缓缓地转向东北，向印度方向伸去。至此，

迪亚士测量地理位置。

迪亚士完全确信：船队已经绕过非洲最南端，来到了印度洋。只要再继续向东航行，就一定可以到达神秘的东方。

迪亚士想继续前进，但船员们已经很疲倦，要求返航，而且粮食和日用品也所剩无几了。于是，他只好下令掉转船头，返回葡萄牙。

在返航途中，迪亚士再次经过上次遇到风暴的地方——非洲大陆的最南端，但这一次，这里正值晴天丽日，景色宜人。葡萄牙历史学家巴若斯在描写这一激动人心的时刻时写道："船员们惊异地凝望着这个隐藏了多少世纪的壮美的岬角。他们不仅发现了一个突兀的海角，而且发现了一个新的世界。"迪亚士感慨万千，他想了想，便给它取名为"风暴角"。

1488年12月，迪亚士回到里斯本，向葡萄牙国王报告了航海过程。国王非常高兴，可又觉得风暴角这个名字不太吉利，于是把它改名为好望角，意思是绕过这个海角就有希望到达富庶的东方了。

名人名言

海上探险是为了像所有的男子汉都希望做到的那样，将光明带给那些尚处于黑暗中的人们。

——迪亚士

人类历史上的伟大发现

美洲大陆
梦想中的"亚洲大陆"

新航路的开辟改变了世界历史的进程，它使海外贸易的路线由地中海转移到大西洋沿岸。从此，西方走出了中世纪的黑暗，开始以不可阻挡之势崛起于世界，并在之后几个世纪迅速成为海上霸主，一种全新的工业文明由此成为世界经济发展的主流。

葡萄牙人哥伦布从幼年时期就热爱航海冒险，他读过《马可·波罗游记》，十分向往东方富庶的印度和中国。当时，地圆说已经很盛行，哥伦布也深信不疑。为此，他先后花了十几年的时间向葡萄牙、西班牙、英国、法国等国国王请求资助，以实现他向西航行到达东方国家的夙愿。不过，直到1492年，西班牙女王才慧眼识英雄，同意资助他去东方探险。他们之间签订了名为《圣大菲协定》的航海协议，女王授予他"海上大将"的称号，任命他为所发现的岛屿和陆地的总督，并允许他从这些地方的产品和投资所得中抽取一定收入作为报酬。

1492年8月，哥伦布携带西班牙王室致中国皇帝的国书，率领"圣玛莉亚"号、"平塔"号和"尼尼亚"号3艘船、90名船员，从西班牙西南海岸的帕洛斯港出发，向西航行，开始了他横穿大西洋的探索航路。

1个多月过去了，除了浩瀚的大海、追逐船只的海鸥，丝毫不见陆地的影子，富有航海经验的水手们开始怀疑，甚至纷纷要求返航。哥伦布顶住了巨大的压力，在惊涛骇浪的侵袭中继续奋勇向前。

哥伦布第一次航海

他的坚持终于赢来了奇迹。10月12日凌晨，在塔楼瞭望的水手终于发现了一片陆地。黎明时分，船队靠上一座岛屿。航行了两个多月，他们第一次遇到了陆地。

这个岛屿是巴哈马群岛中的一个小岛。哥伦布高举西班牙国王的旗帜，宣布此地为西班牙国王所有，并给这座岛屿取了一个基督教名字：圣萨尔瓦多，即"救世主"。

哥伦布登上圣萨尔瓦多岛，跪倒在沙滩上感谢上帝的恩赐。

但是，船队绕岛一周，发现这里并不是理想中的黄金产地，船队于是继续向南航行。几天后，他们到达巴哈马群岛中最大的古巴岛，哥伦布认为这就是传说中的中国。按照已有的地图，它的东方应该就是日本了。船队转而向东寻找富饶的日本。他们登上了海地岛，哥伦布见岛上树木葱郁，山川秀丽，貌似西班牙，便将其命名为"小西班牙"。之后的圣诞节那天，由于航行不慎，最大的一只船"圣玛莉亚"号触礁沉没，哥伦布只得无奈地停止前行。

1493年初，哥伦布率领剩下的2艘船从海地岛返航，借着强劲的西风，于3月15日回到帕洛斯港，受到了西班牙民众的热烈欢迎。

这次航行是人类历史上首次成功横渡大西洋，它为以后探索美洲大陆奠定了基础。后来，在西班牙国王资助下，哥伦布又3次向西航行，先后到达过中美洲和南美洲的一些海岸。那时候，葡萄牙人已经到了真正的印度，开始掠夺亚洲的财富。

哥伦布4次横渡大西洋，发现了美洲大陆，他也因此成为名垂青史的航海家。但是自始至终，即使到去世的那一刻，他都认为自己发现的那个地方是梦想中的亚洲大陆——印度。后来，一个意大利航海家亚美利哥到美洲考察，才发现这里并不是印度，而是一块不为欧洲人所知晓的新大陆。于是，这块陆地便用发现者的名字命名，被称为亚美利加州，即美洲。

模仿容易，创造难。
——哥伦布

人类历史上的伟大发现

欧印航线

通往东方的航线

达·伽马成功地开辟了西欧到印度的新航线，打破了长期以来世界上各个国家、地区和民族之间相对隔绝的状态，促进了西欧封建制度的解体和资本主义的成长。但与此同时，欧洲殖民者也开始了对亚、非、美洲的殖民活动，给殖民地人民带来了无尽的灾难。

1492年，哥伦布虽然航行到了美洲，但是并没有像期望的那样为西班牙带回大量的黄金和珍宝。为了追求巨额的财富，葡萄牙国王放弃支持探索新大陆，而是决定开辟一条通往东方的新航线。其实，葡萄牙人在西班牙派人向西航行的同时就在不断地向西航行。早在1487年，葡萄牙人迪亚士就在国王的鼓励下，组织船只沿着非洲海岸向南航行，到达非洲最南部的好望角。这一次，葡萄牙国王把这个重大政治使命交给了富有冒险精神的达·伽马。

1497年7月，达·伽马率领4艘船，140多名水手，由葡萄牙首都里斯本启航，踏上了去探索通往印度的航程。开始他循着10年前迪亚士发现好望角的航路，迂回曲折地驶向东方。水手们历尽千辛万苦，航行了整整4个月时间终于抵达了好望角。

好望角犹如一个死亡角，向前将遭遇到可怕的暴风袭击，水手们无意继续航行，纷纷要求返回里斯本，而此时达·伽马则执意向前，宣称不找到印度他决不罢休。在遭受三天三夜狂浪骤雨的

1498年4月，达·伽马一行来到肯尼亚的马林迪，在这里，受到马林迪酋长的热情接待。

袭击之后，船队终于绕过好望角，闯出了惊涛骇浪的海域，进入了印度洋。

船队从那里折向北航行，1498年4月，来到肯尼亚的马林迪。在这里，达·伽马一行受到马林迪酋长的热情接待，酋长还为他们提供了一名理想的导航者。在那位阿拉伯航海家的指引下，达·伽马的船队从马林迪启航，横渡浩瀚的印度洋之后，于5月20日到达印度南部的大商港卡利卡特。而该港口正好是半个多世纪以前，我国著名航海家郑和所经过和停泊的地方。

达·伽马在这里树立了一根显示葡萄牙权力的标柱，结果遭到当地人的强烈抵制，而那些长期垄断这里贸易的阿拉伯商人，也把他们视作自己的竞争对手，并逼迫他们离开。

达·伽马奉葡萄牙国王曼努埃尔之命，率领4艘船共计140多水手，由首都里斯本启航,踏上了去探索通往印度的航程。

1498年8月，达·伽马在购买了大批的香料、丝绸、宝石和其他东方特产后，就匆匆返航了。第二年9月，达·伽马一行回到首都里斯本，受到了葡萄牙全国上下的隆重欢迎。据说，达·伽马此次航行带回来的东方珍品的价值是全部航行费用的60多倍。达·伽马因此被誉为"葡萄牙的哥伦布"。

达·伽马的航行标志着西欧直通印度的新航路开辟成功，这对欧、亚两洲商业和航运业的发展起到了巨大的促进作用，但同时也成为欧洲殖民者对东方国家进行殖民掠夺的开端。在以后的几个世纪里，由于西方列强接踵而来，印度洋沿岸各国以及西太平洋各国相继沦为殖民地和半殖民地。16世纪后，葡萄牙首都里斯本很快成为西欧的海外贸易中心，欧洲其他一些国家也相继富强起来。正因为如此，西方人直至400年后的1898年，仍念念不忘达·伽马对开辟印度新航道的贡献而举行大规模的纪念活动。

首次环球航行

首次证明地球是球体

麦哲伦环球航行首次证实了地圆说的正确性，把业已开始的地理大发现推到了最高潮。恩格斯曾对此作了高度概括："世界一下子大了差不多十倍；现在展现在西欧人眼前的，已不是一个半球的四分之一，而是整个地球……"

美洲大陆发现后，为获取更多的黄金、香料，西班牙航海者继续寻找新的黄金宝地。1513年，巴尔波亚从北向南穿越了巴拿马海峡，在山顶望见太平洋水面，称之为"大南海"。这一发现为麦哲伦的环球远航开辟了道路。

受地圆学说的影响，麦哲伦一直热衷于向西航行。1517年，麦哲伦的环球航行的计划得到西班牙国王的批准。1519年8月，麦哲伦率领一支由270人、5艘船只组成的浩浩荡荡的船队，从西班牙塞维利亚城的港口出发，开始了环球远洋探航。

经过2个多月的海洋漂泊，船队越过大西洋来到巴西海岸。船队沿海岸向南继续航行，在1520年1月来到了一个宽阔的大海湾。大家以为已到达了美洲的南端，可以进入新的大洋了。然而随着船队在海湾中的前进，发现海水变成了淡水，原来此处只是一个宽广的河口。

船队继续向南前进。南半球与北半球的季节刚好相反，3月的南美洲已临近冬季，风雪交加，航行极其困难。月底，船队来到圣胡利安港，并在这里抛锚过冬。经过近五个月的休整，到了风和日丽

麦哲伦，葡萄牙人，为西班牙政府效力探险。1519年—1521年率船队首次环球地球，死于与菲律宾当地部族的冲突中。虽然他没有完成环球，但他船上余下的水手却在他死后继续向西航行，回到欧洲。

的 8 月，麦哲伦又率领船队出发了。由于有一艘船在五月份的探航中沉没，此时只剩下四条船了。两个月后，船队在南纬 52°处又发现了一个海口。这个海峡弯弯曲曲，忽窄忽宽，波涛汹涌。麦哲伦派出 1 艘船去探航，然而这艘船却调转船头逃回了西班牙。麦哲伦只好率领剩下的 3 条船像钻迷宫似地在海峡中摸索着前进。麦哲伦以坚强的意志率领船队前进。在这个海峡迂回航行一个月后，他们终于走出海峡西口，见到了浩瀚的大海。为了纪念麦哲伦这次探航的功绩，后人把这条海峡命名为"麦哲伦海峡"。船队在这片大洋中航行了三个多月，海面一直风平浪静。因此，他们就为它取了个名字叫"太平洋"。

此时，船队已濒临水尽粮绝的危险，疲乏虚弱的船员们忍受着饥饿的折磨，但麦哲伦还是下了决心——进行横渡太平洋的伟大航行。

借助于秘鲁洋流的推动，1521 年 3 月初，船队终于来到了富饶的马里亚那群岛，受到当地居民的热情款待。3 月底，船队又来到了菲律宾群岛。为征服这块盛产香料的富饶土地，满怀野心的麦哲伦企图利用当地部族间的矛盾来达到他的目的，然而在一次与当地部族的冲突中，他被人杀害了。

麦哲伦死后，其他船员便分别乘剩下的 2 条船，在埃尔卡诺的带领下，逃离菲律宾。他们越过马六甲海峡进入印度洋，途中，又被葡萄牙海军俘去一只船，只剩下"维多利亚"号。1522 年 9 月 6 日，"维多利亚"号上载着 18 名船员回到西班牙，终于完成了首次环球航行，在人类历史上留下了辉煌的一页。

图中是位于菲律宾马克坦岛北岸海滨的椰林中的麦哲伦纪念碑。纪念碑于 1866 年建立，是为了纪念麦哲伦死去的地点。这座纪念碑的碑文既有对菲律宾人民抗击殖民者的英雄的颂扬，又有对麦哲伦死亡的记载和对他环球航海的肯定。这座对历史人物同时褒贬的纪念碑，可以说在世界上绝无仅有。

名人名言

生活的真谛在于热情。

——麦哲伦

南极大陆
喧嚣的白色大陆

在200年前,航海家们不断向着地球的最南端航行,希望寻找到传说中被大片海冰包裹着的"南极大陆"。随着科学探索的深入,南极的神秘面纱被徐徐揭开,原来厚厚的冰层下埋藏着的,是一片喧嚣的白色大陆,这里有极为丰富的资源,对科学探索有着巨大的意义。

谁最早发现了南极大陆?这个问题似乎并不像探险家哥伦布发现美洲大陆那样获得举世一致的公认,围绕最早发现南极大陆荣誉的笔墨官司,至今尚无定论。但是回顾近一百多年来的南极探险史,下面将提到的许多勇敢的探险家的名字当之无愧地被载入史册,他们的贡献得到了举世的公认。

18世纪70年代,英国航海家詹姆斯·库克,经过精心策划准备,率领2艘独桅帆船"决心"号和"冒险"号从南非出发,吹响了人类探索南极大陆的第一声号角。

库克从1768年到1779年3次探索南极大陆,最南到达南纬71°的边缘,这是人类历史上第一次航行到地球最南端的记录,不过,终因冰山阻挠而无法前进。在南极洲虽然没有留下以库克命名的地名,但他此前穿过的新西兰南岛与北岛间的海峡已被命名为库克海峡,他穿过的太平洋中的一处群岛被命名为库克群岛。

1819年2月19日,英国的海豹捕猎者威廉·史密斯船长驾驶的"威廉斯"号方帆双桅船发现了南设得兰群岛上的利文斯顿岛,随即宣布

威廉斯角,1819年2月19日发现。

该岛为英国所有。英国海军部又派爱德华·布兰斯菲尔德同史密斯继续寻找新的陆地，于1820年1月31日登上乔治王岛和克拉伦斯岛，宣布了英国的所有权。南设得兰群岛自然得名于英国的设得兰群岛，而该群岛与南极半岛之间的海峡又被命名为布兰斯菲尔德海峡。

同年7月16日，俄国的探险家法捷依·法捷耶维奇·别林斯高晋率领南极探险队乘900吨的"东方"号和500吨的"和平"号离开喀琅施塔得港驶向南极，先后4次穿越过南极圈，到达南纬69°23′的地域，于1821年1月22日和28日发现了2个岛屿，这是人类第一次在南极圈内发现陆地，考察队将之分别命名为彼得一世岛和亚历山大一世岛，并在地图上沿用至今。而南极半岛西侧这两岛之间的海域也因他的首先到达而被命名为别林斯高晋海。

就在这一年的12月6日，美国海豹捕猎者纳撒尼尔·帕尔默船长率单桅帆船"英雄"号发现了南奥克尼群岛，今天地图上南极半岛的南部也因此出现了一块帕尔默地。

1831年，英国的詹姆斯·克拉克·罗斯爵士发现北磁极后，德国著名数学家高斯经过计算后预言，应该在南纬66°、东经146°的地方有个与北磁极对应的南磁极。这不仅为南极探险注入了新的活力，也为人类向南极进军首次赋予了科学意义。1840年，英国派北磁极的发现者罗斯爵士率队出发，由于他的船只进行了特别的加固，具有一定的破冰能力，因而在冲破了一片冰封的海域后，到达了一片无冰的海域，这就是后来以他的名字命名的罗斯海。罗斯爵士因此成为了第一个穿过海中大块浮冰的人，他在这一地区发现的巨大冰架，也被命名为罗斯冰架。

在随后的几十年里，德国、苏格兰、挪威、比利时等国相继向南极派出了庞大的队伍进行考察。于是，一场争夺最先登上南极、到达南极点荣誉的角逐，激励着许多雄心勃勃的探险家，南极从此不再沉寂，而变得格外喧嚣。

詹姆斯·克拉克·罗斯是英国著名的航海家和南极探险家。他成功找到北磁极，对以后的科学探索作出卓越的贡献。

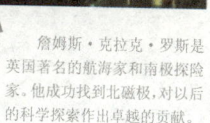
詹姆斯·库克

厄尔尼诺
灾难的代名词

厄尔尼诺是指一种全球范围内气候反常的现象。它原本是一个普通的气候学名词，但是它常常与诸如森林大火、暴雨、暴雪、干旱、洪水等众多气候现象联系在一起，所以，在人们眼中，厄尔尼诺几乎成了灾难的代名词。

在全球性的气候异常中，有一种现象越来越引起科学家和全人类的普遍关注，这就是厄尔尼诺。这种现象已经有几千年的历史了，但是对它的发现和记载仅是19世纪初才开始的事情。厄尔尼诺在气象学中的使用起源于南美的秘鲁以及智利沿海海域。

100多年前，这些地区的人注意到：每年从圣诞节起至第二年的3月份都会出现一种异常现象，其表现是海水表面温度异常升高，雨量增加，海面上很多鱼都死了，吃鱼的鸟也死了，地区气温也会出现明显的变化。3月份以后，暖流消失，水温逐渐变冷，当地渔民就将这种现象称为"厄尔尼诺"，其原意为"圣婴"，即圣诞节时诞生的男孩。

厄尔尼诺现象导致的洪水淹没村庄。

厄尔尼诺发生时总是给人类带来灾难。由于海水温度升高，海洋生态环境遭到破坏，大量海洋生物因此死亡。在海岸带，原来炎热的地区温度骤降，原来寒冷的地区温度骤升；多雨地区发生罕见的旱灾，而干旱地区则连日暴雨。它会使整个热带地区的风向和洋流发生改变，犹如产生了一股魔鬼般的搅动，从而导致全球大气环境和气候的变异，

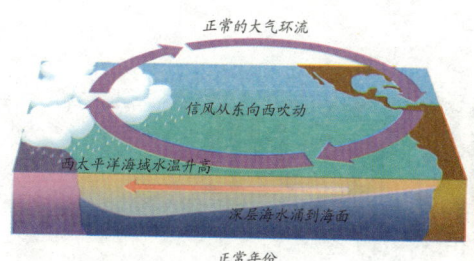
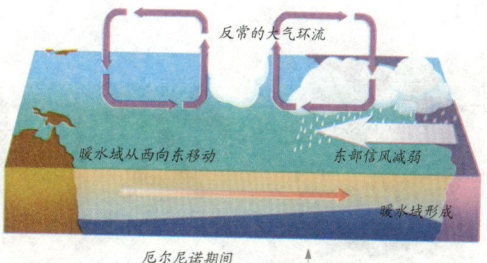

厄尔尼诺示意图

导致旱涝灾害猛增，暴风雪肆虐，酷热难挡等。现在，我们所说的厄尔尼诺现象就是指数年发生一次的海水增温现象向西扩展、整个赤道东太平洋海面温度升高的现象。

在20世纪60年代，很多科学家都认为厄尔尼诺是区域性问题，它主要影响太平洋东部的南美沿海地区和太平洋中部的澳大利亚沿海地区。然而20世纪80年代以后，通过气象卫星的观测发现，厄尔尼诺在世界很多地方都出现。海水表面温度每升高1℃，海水上空的大气温度就会升高大约6℃，这样大气环流就会出现异常，严重影响世界各地的气候。

令人忧虑的是，厄尔尼诺现象的出现越来越频繁。原来人们认为这种现象为5年、7年乃至10年来临一次，后来又以3~7年为周期出现。自从20世纪90年代以来，每两三年就降临一次。不仅如此，随周期缩短而来的是厄尔尼诺现象滞留时间的延长。这一现象引起了科学家们的注意，他们普遍认为，厄尔尼诺现象的频频发生与地球变暖有关，其变化表明，厄尔尼诺现象并不仅仅是天灾。

尽管关于厄尔尼诺发生的原因在科学界尚无定论，但是人类并未在它面前听天由命、无所作为，人们对它的预测水平已经有了很大的提高。

1986年，国外科学家成功地提前1年预报了厄尔尼诺现象的来临，并积极探索温室效应与厄尔尼诺现象之间的联系。由此，我们可以大胆预言，人类终将能解开这一肆虐人类的大自然之谜，并找出办法，避免它的危害。

厄尔尼诺原意为"圣婴"。

勾股定理

几何学的基石

勾股定理是几何学中一颗光彩夺目的明珠，被称为"几何学的基石"，而且在高等数学和其他学科中也有着极为广泛的应用。勾股定理在世界数学史上具有非常独特的地位，其"形数统一"的思想方法，在科学史上更具有创新的重大意义。

勾股定理在西方被称为毕达哥拉斯定理，相传是古希腊数学家兼哲学家毕达哥拉斯于公元前550年首先发现的。其实，我国古代就发现和应用了这一定理，远比毕达哥拉斯早得多。我国古代数学家称直角三角形为"勾股形"，较短直角边称为"勾"，较长直角边称为"股"，斜边称为"弦"，所以这一定理被称作"勾股定理"。

我国是最早发现勾股定理的国家，但是我们的祖先率先发现这一几何宝藏并非是一蹴而就的，而是通过长期地测量，经历了漫长的岁月才发现的。

我国的几何起源很早。据考古发现，10万年前的河套人就已在骨器上刻有菱形的花纹；六七千年前的陶器上已有平行线、折线、三角形、长方形、菱形、圆等几何图形。随着生活和生产的需要，越来越多的几何问题摆在我们祖先面前。

我国战国时期的一部古籍——《路史后记十二注》——中记载："禹治洪水，决流江河，望山川之形，定高下之势，除滔天之灾，使注东海，无漫溺之患，此勾股之所系生也。"这段话的意思是说：大禹为了治理洪水，使不决流江河，根据地势高低，决定水流走向，因势

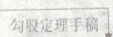

勾股定理手稿

利导，使洪水注入海中，不再有大水漫溢的灾害，是应用勾股定理的结果。在《周髀算经》中，表明大禹已经知道用长为 3∶4∶5 的边构成直角三角形。

到了商代，我国的测量技术及几何水平达到了一定高度。在《周髀算经》中就记载了勾股定理的一个特例，相传是商代一个叫商高的数学家发现的。商高是周公姬旦的朋友，姬旦称他"善数"，两人常在一起讨论数学。一天，周公问商高说："我知道您对数学非常精通，我想请教一下：天没有梯子可以上去，地也没法用尺子去一段一段丈量，那么怎样才能得到关于天地的数据呢？"商高回答说："数的产生来源于对方和圆这些形体的认识。其中有一条原理：当直角三角形较短的一条直角边'勾'等于 3，另一条较长的直角边'股'等于 4 的时候，那么它的斜边'弦'就必定是 5。这个原理是大禹在治水的时候就总结出来的啊。"从商高的回答中，表明早在 3000 年前，我们的祖先就已经知道"勾三股四弦五"这一勾股定理的特例了。

在稍后一点的《九章算术》一书中，勾股定理得到了更加规范的一般性表达。书中的《勾股章》说："把勾和股分别自乘，然后把它们的积加起来，再进行开方，便可以得到弦。"当代中国数学家吴文俊说："在中国的传统数学中，数量关系与空间形式往往是形影不离地并肩发展着的……17 世纪笛卡儿解析几何的发明，正是中国这种传统思想与方法在几百年停顿后的重现与继续。"

毕达哥拉斯

勾股定理是一个基本的几何定理，传统上认为是由古希腊的毕达哥拉斯所证明。据说毕达哥拉斯证明了这个定理后，即宰了百头牛作庆祝，因此又称"百牛定理"。

人类历史上的伟大发现

0的发现
真正触摸到无限的世界

人们开始创造数字的时候，并没有自动包含0的符号，而是在0的地方留一个空位。0是一个关联着有无的重要数字，在数学中，它有着不可替代的作用。0的发现，使人类真正触摸到了世界的无限性，触摸到了无穷无尽的万事万物。

托勒密，古希腊地理学家、天文学家、数学家，长期进行天文观测，他是最早使用扁圆0的人。

0是位值制记数法的产物。很久以前，当人们采用这种记数法遇到空位的时候，就会采用不同的方式来表示它的存在。世界上较早采用位值制记数法的有巴比伦、玛雅、印度和中国等，这些地区和民族都对0的产生和发展作出过自己的贡献。

世界上最早采用十进制记数法的是中国人。"0"这个符号之所以会产生，最初其实也并不是为了表示"无"，而是为了弥补十进制值记数法中的缺位。

从公元7世纪起，中国开始采取用"空"字来作为0的符号。但是，中国古代的零是圆圈○，并不是现代常用的扁圆0。现在普遍使用的包括"0"在内的阿拉伯数字是在13世纪的时候从西方传入中国的，而那时中国的○已经使用100年了。

0的发现对数学的发展有着非常重大的意义，它就像一层台阶一样，人们以前在平地上走来走去，而现在可以沿着台阶走上去，从高处饱览整个数字世界的奇妙景象。这是人类文明发展史上的一个重大转折。0的发现使人类在数的空间以及与这空间相应的思维空间里站立了起来。

0作为一个实数，它使除自身外的其他所有实数都具备了无限的伸缩性；从0向前排列，可以得到数的无限递增，从0向后（小数点）排列，可以得到数的无限递减。当然，0毋庸置疑是虚无的。因为它无法离开实数成为一种独立的存在。但是，0的无限性，或者说空间性恰恰也就在于它的虚无性上。

希腊的托勒密是最早采用这种扁圆0的人，由于古希腊数字是没有位值制的，因此0并不是十分迫切的需要，然而当时用于角度上的60进位制，则很明确地以扁圆0号表示空位。可是，托勒密的0并没有作为数参加运算，也没有单独使用的情况。

斐波那契，又称比萨的列奥纳多（1175~1250），意大利数学家，西方第一个研究斐波那契数，并将现代书写数和乘数的位值表示法系统引入欧洲。

最先把0作为一个数参加运算的是印度人。他们在很早的时候就采用了十进位值计数法。空位最开始是用空格表示的，后来为了避免看不清带来的麻烦，就在空格上加一个小点，如用5·8表示508。

公元876年，在印度的瓜廖尔地方发现了一块石碑，上面的数字和现代的数字很相似，这可能是由小点发展为小圈0表示零的最早证据。印度人承认0是一个数并用它参加运算可以说是对0的发现的更为重要的贡献。

后来，历经了漫长的岁月，印度数字传入了阿拉伯，并发展成为现今我们所用的阿拉伯数字。但直到1202年，意大利数学家斐波那契才把这种数字（包括0）传入欧洲，现代的0的概念和阿拉伯数字中的0才逐渐流行于全世界。

名人名言

0 不只是一个非常确定的数，且它本身比其他一切被它所限定的数都更重要，事实上，0比其他一切数都有更丰富的内容。

——恩格斯

人类历史上的伟大发现

浮力定律
澡盆里的发现

浮力定律作为经典力学最古老的定律之一，它的发现与应用是人类认识自然、驾驭自然的一大进步，它使人类对自然界中的流体应用，从被动的、无意识的状态变成主动地、有目的地应用，从而造福人类。

名人名言

不要动我的圆！
——阿基米德

浮力定律来源于2000多年前古希腊最伟大的科学家阿基米德从洗澡中获得的灵感。

传说，有一次，大学者阿基米德在众目睽睽之下光着身子从澡堂里飞奔而出，欢呼雀跃，兴奋地高喊："我发现了！我发现了！"

原来，叙拉古国王命令金银匠做了一顶纯金的王冠。新王冠做得精巧、漂亮，国王非常高兴，但他怀疑工匠偷了部分黄金，在王冠中掺了假。为了检验工匠是否在黄金中掺进了廉价的金属，国王请阿基米德来做鉴定，但是不能损坏王冠。

阿基米德接受了这个任务。但好几天过去了，他也没有想出什么好主意。有一天，他去洗澡，刚躺进盛满温水的浴盆时，水便漫溢出来，而他则感到自己的身体在微微上浮。他脑子灵光一闪，便猛地从澡盆里跳出来，来不及穿上衣服就狂奔回家。在得出了正确结论后，他来到国王面前，把盛满水的一个盆子放在一只大盘子里，又叫国王拿出一块与皇冠同重的黄金和两只大小一样的杯子。然后，阿基米德将王冠放在盆子里，将溢出的水装进一只杯子里。然后用同样的方法把黄金溢出来的水装进另一只杯子里，两只杯子里的水很显然一只多一只少。说明王冠不是纯金的。

原来，阿基米德利用了物质的密度、体积和重量的相互关系，同一物质的密度是固定的，即重量与体积之比是一个

阿基米德（公元前287～公元前212），古希腊伟大的数学家、力学家。阿基米德把一生都献给了科学。他把数学推理和科学实验结合在一起，不仅发现了浮力定律，还完善了杠杆原理。

给我一个支点，我就可以撬动整个地球！

确定的数。这样，如果王冠是纯金的，它所排出的水应该与同质量纯金所排出的水的体积一样，如果不一样，那么王冠里肯定掺了其他金属。

阿基米德辨别王冠的故事仅是一个传说，但他研究物体所受浮力的规律并发现了浮力定律却是千真万确的。他把密度不同的物体放入水中后发现：密度和水相同的物体会完全浸入水中，但不会沉入水底；密度大于水的物体一直下沉至容器底部；密度小于水的物体总是浮在水面上。阿基米德分别采用了密度不同的物体——木块、蜡块、石块、铁块、铜块、金块等，放入水中反复做试验，所得的结果是完全一致的：它们的重量都和所排开的水的重量相等。

阿基米德意识到这是一个普遍规律，于是把研究结果写进《论浮力》中。在书中，他明确地表述了浮力定律，并用严密的逻辑推理对浮力定律进行了证明。他指出：浸在液体中的物体受到向上的浮力，浮力的大小等于它所排开液体的重量。这就是著名的浮力定律。为纪念这位伟大的科学家，人们把浮力定律命名为阿基米德定律。

75岁的阿基米德正在家里潜心研究深奥的数学问题，在沙盘上画了一个"单位圆"……残暴的罗马士兵闯入，践踏了他画的圆形，阿基米德悲愤地叫喊："不要动我的圆！"无知的罗马士兵举短剑一挥，璀璨的科学巨星就此陨落。

帕斯卡定律
流体力学的基石

日常生活中我们经常会见到汽车司机用一只小巧的千斤顶轻而易举地将一辆汽车抬起来,要明白其中的奥妙就必须了解帕斯卡定律。帕斯卡定律不仅具有实用价值,而且有重要的理论意义,它是流体遵从的基本规律之一。

名人名言

人是为了思考才被创造出来的。

——帕斯卡

17世纪中期,当托里拆利发现大气压的消息传到了法国时,引起了物理学家帕斯卡极大的兴趣。受托里拆利的启发,在对大气压实验的研究过程中,帕斯卡有了新的发现。他注意到气体、液体同属流体,于是他从流体的角度看待托里拆利实验,开始研究液体的压强。

为此,他专门制作了一个适用于测量液体压强的压强计。这个压强计有一根橡皮管,一端接压强计,另一端接扎有橡皮膜的金属盒,把金属盒放入液体中便可以测量液体内部的压强。各种实验证明:水越深,压强就越大。

他惊喜地发现:在同一深度,水向各个方向的压强相等。帕斯卡又把水换成多种不同液体反复实验,得到的结论完全相同。在实验事实的基础上帕斯卡进一步发现:液体内部的压强由液体的重力产生。压强的大小仅仅由液体的性质和深度决定,与液体的重量和体积无关。由此推论:重量和体积较小的液体也能够产生较大的压强。

然而,对这一结论许多

帕斯卡关于水的压强实验

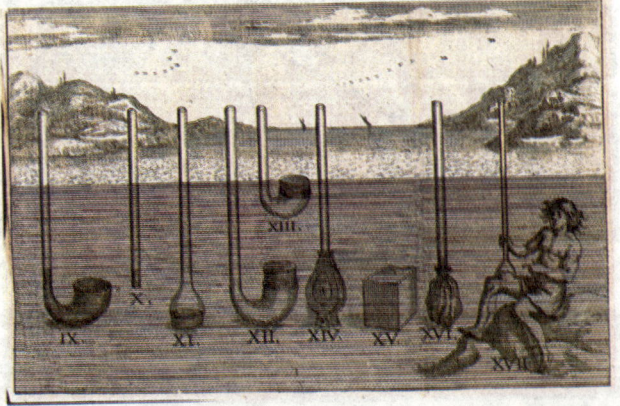

人都表示怀疑。1648年，帕斯卡决定进行一次公开实验表演，许多人听到消息后都前来观看。帕斯卡将一个木桶装满水，用盖子封住，在桶盖上面竖一根细长的管子并把它插入桶中，然后让人站在高处给细管灌水。结果只用了几杯水，木桶就被压裂了。在场的观众大为震惊。此后，大家对这一理论都确信无疑。

之后，帕斯卡又开始了对液体中的压强传递方式的新探索，他在一个充满水的容器上竖直安装两根粗细不同的圆筒，筒里装上活塞。两个活塞放相同重量的物体时，帕斯卡发现小活塞向下运动，大活塞向上运动。要使活塞静止不动，就必须给大活塞上多放一些物体。帕斯卡反复实验，并且把实验数据做了详细的记录。

▲ 帕斯卡用来证明大气压存在的实验

在对实验数据进行大量的数学运算后，帕斯卡终于发现：当活塞静止时两个活塞上的重量与面积的比值是相等的，这个比值正好等于液体对容器任何一部分单位面积上施加的压力。1653年，帕斯卡在《论液体平衡》的论文中明确指出：加在密闭容器上的压强，能够大小不变地被液体向各个方向传递。这就是著名的帕斯卡定律。

可惜的是，这篇论文直到帕斯卡死后才被发表出来，这不得不说是科学界和人类社会的一个遗憾和损失。帕斯卡定律的发现，为人类制造"液体杠杆"奠定了坚实的理论基础。后人在研究帕斯卡的论文时，发现帕斯卡还曾根据这个定律提出建造"液压机"的设想，这是世界上最早的"液体杠杆"。帕斯卡预言：人类必定能够制造出一种新的机械，它可以把一个力增加到我们所选择的任何程度。他的预言在今天早已变成了现实。

▼ 帕斯卡

惯性定律
经典力学体系的基础

惯性定律打破了地上运动和宇宙空间运动的人为界限,统一了宏观与微观的运动,并提出了处理任何运动的单一模式。惯性定律是牛顿第二定律和第三定律的基础,它的发现为经典力学体系奠定了坚实的基础。人们掌握了惯性定律,就可以利用它为生产生活服务。

惯性定律也叫牛顿第一定律,它告诉人们惯性是所有物体具有的本性,它的建立具有深刻的哲学意义。历史上,对惯性定律的建立作出不可磨灭的贡献有三位大科学家。第一位是古希腊最伟大的思想家、哲学家和科学家亚里士多德。他主张从经验出发研究事物,十分重视通过观察总结事物的规律。对于物体运动规律,他从马拉车的现象,总结出物体运动必须有一个力来维持的理论。16世纪以前,亚里士多德的这一理论一直占有统治地位,直到16世纪末期,意大利物理学家伽利略对此学说发起了挑战。

伽利略的高明之处在于把观察、实验、理性思维和数学结合在

亚里士多德

伽利略这样评论自己的斜面实验:"它第一次为新的方法打开了大门,这种将带来大量奇妙成果的新方法,将会博得许多人的重视。"

一起探讨物理问题，寻找物理学运动规律。为了寻找物体运动的规律，伽利略设计了一个斜面实验：

他让同一小车从同一斜面上的同一位置由静止开始滑下。第一次在水平面上铺上毛巾，小车在毛巾上滑行了很短的距离就停下了；第二次在水平面铺上较光滑的棉布，小车在棉布上滑行的距离较远；第三次是光滑的木板，小车滑行的距离最远。

通过对实验研究的分析，伽利略认识到运动物体受到的阻力越小，它的速度就减小得越慢，它运动的时间就越长。他由此作出了天才的设想：在理想的情况下，如果接触面绝对光滑，物体受到阻力为0，它的速度将不会减慢，将以恒定不变的速度运动下去。伽利略这种理想化的运动，是一种科学的抽象，它更深刻地反映了事物的本质。最终，他把这个发现概括为"只要除去使物体加速和减速的外部原因，运动物体必将严格地保持它一旦获得的速度"。

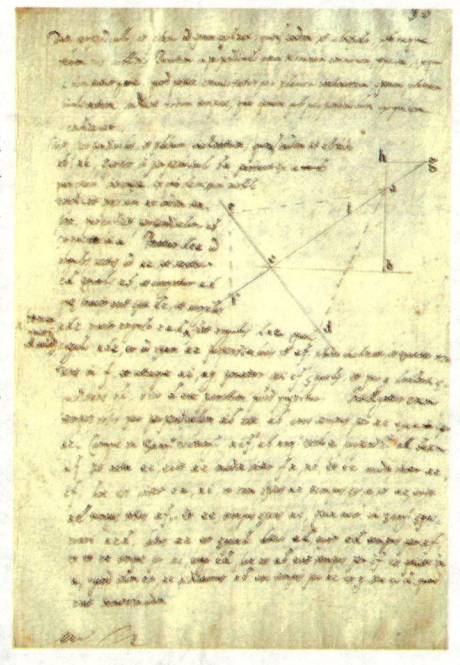

上图是伽利略的运动学手稿。伽利略的伟大之处不仅仅在于他的研究和发现，更重要的是他给后人提供了一种研究思想，即用数学来描述物理规律。实际上，伽利略是第一个用数学公式表述物理规律的人。他的这种研究思想是科学史上最深刻和最有成效的思想。

这一发现在惯性定律的建立上取得了突破性进展，但这个认识并不完全，最终的惯性定律是由英国伟大的数学家和物理学家牛顿完成和精确化的。

就在伽利略去世40多年后，牛顿在总结伽利略研究的基础上，总结出了著名的惯性定律，连同牛顿第二定律和第三定律一并发表在《自然哲学的数学原理》中，从而建立了经典力学体系。

惯性定律是牛顿三大定律中的第一定律。牛顿指出物体的质量越大，惯性也越大，质量是物体惯性大小的量度。定律内容表述为：一切物体在没有受到力的作用的时候，总保持静止状态或匀速直线运动状态。（注：一切物体在没有受到力的作用的时候分两种情况：一种是物体没有受到力，一种是物体受到了多个力，这些力互相平衡，使得合力为0）同样，这条定律也说明了一切物体都有保持静止状态或匀速直线运动状态的性质，我们就把物体所拥有的这种性质称为惯性，所以牛顿第一定律也称为惯性定律。

聪明人之所以不会成功，是由于他们缺乏坚韧的毅力。

——牛顿

万有引力
苹果落地的启发

在300多年前,牛顿发现了万有引力定律,这一定律准确说明了行星和卫星的运动规律,解释了重力产生的原因,更重要的是这个定律揭示了自然界中一种基本的相互作用力,它标志着人类在认识自然的历史上迈出了重要的一步。

科学史上,牛顿对万有引力定律的发现可以说功绩卓越。其他科学家如胡克、哈雷也在这方面作出了非常重要的贡献。

1674年,胡克在一次演讲《从观察角度证明地球周年运动的尝试》中,提出了3个假设。在演讲中,胡克首先使用了"万有引力"这个词。他提出的3条假设,实际上已包含了有关万有引力的一切问题,所缺乏的只是定量的表述和论证。但是胡克因为缺乏深厚的数学基础和敏捷的逻辑思维能力,并不能像牛顿那样概括、归纳出这一定律,所以,他最终与跨时代的科学发现失之交臂。

关于牛顿发现万有引力的过程,还有一个有趣的传说:1666年夏末一个傍晚,在英格兰林肯郡乌尔斯索普,23岁的牛顿走进后院的花园,坐在一棵树下,开始埋头读书,一边苦苦思索重力和行星运动的问题。这时,一个苹果落了下来,砸在牛顿的头上。一个偶然的平常事件往往能引发一位科学家思想的闪光,这在人们看来再平常不过的事情,却引起了牛顿的思考:为什么苹果不飞向天空却直落地面?

据说,万有引力这一重大发现是牛顿在树下思考的结果。他在沉思:究竟什么力量使一切物体都向着地心方向运动?这一问题的思考,最终导致万有引力的发现。

地心引力和月球运动有什么关系？为什么苹果会落地而月球却一直在绕地球旋转？这一现象启发牛顿想到苹果是被地球的引力拉下来的，正是从思考这一问题开始，经过多年的研究，终于导致了万有引力的发现。

1687年，牛顿在《自然哲学的数学原理》中系统而深刻地论证了万有引力定律。在书中，他提出了一个思想实验：设想有一个小星球很靠近地球，以至几乎触及到地球上最高的山顶，那么使它保持轨道运动的向心力当然就等于它在山顶处所受的重力。这时如果小星球突然停止运动，它就会如同山顶处的物体一样做自由落体运动。如果它所受的向心力并不是重力，那么它就将在这两种力的作用下以更大的速度下落。这是同我们的经验不符合的。可见重物的重力和星球的向心力必然是出于同一个原因。

当时讽刺万有引力理论的漫画

紧接着，牛顿根据惠更斯的向心力公式和开普勒的三个定律推导了平方反比关系。牛顿还反过来证明了若物体所受的力指向一点而且遵从平方反比关系，则物体轨道呈圆锥曲线——椭圆、抛物线或双曲线。在《自然哲学的数学原理》中，牛顿把万有引力同磁力作用相类比，得出这些指向物体的力应与这些物体的性质和量有关，从而把质量引进了万有引力定律。

牛顿把他在研究月球运动方面得到的结果推广到太阳系行星的运动上去，并进一步得出所有物体之间万有引力都在起作用的结论。这个引力同相互吸引的物体质量成正比，同它们之间的距离的平方成正比。牛顿根据这个定律建立了天体力学的严密的数学理论，从而把天体的运动纳入根据地面上的实验得出的力学原理之中，这是人类认识史上的一个重大飞跃。

名人名言

胜利者往往是从坚持最后5分钟的时间中得来成功的。
——牛顿

雷电本质
电学史的新纪元

在18世纪前,神学家们宣传"雷为天怒",而许多无神论者虽然指出雷电纯属自然现象,但并未揭示出其本质。美国科学家富兰克林将"天电"引入了莱顿瓶,成功地证实了闪电的特性。这是人类在征服大自然的道路上迈出的具有重大意义的一步,开创了电学史上的新纪元。

1745年,在荷兰莱顿大学的一所实验室里,教授马森布洛克和他的朋友库诺伊斯正在做一个有趣的实验:他们先用摩擦机产生电,再用金属丝把电引入玻璃瓶内,可以看见闪电的火花。他们设想:能不能将电储存起来呢?他们将瓶内灌满水,接通导线,再继续摇动摩擦机,却看不见一个火花。这时库诺伊斯像是要把电捞出来一样,一只手端起瓶子,另一只手到水瓶里去摸索,突然他觉得右臂一阵麻胀,猛然将手缩回来。马森布洛克由此得到启发,将玻璃瓶贴上锡箔制成了能储存电的瓶子,由于马森布洛克是荷兰莱顿人,所以人们将它称为"莱顿瓶"。

一直从事大气雷电研究的本杰明·富兰克林听说了这个实验,颇受启发。他将天上经常打死人畜的闪光的雷电与地下的电联想到了一起。两种电到底是不是一回事呢?

1749年,富兰克林在大量实验的基础上证明了闪电是一种电力,它和电火花具有同样的特性,都是瞬时的,都有相似的光和声,都能燃着物体、熔解金属、流过

马森布洛克和他的朋友库诺伊斯尝试用摩擦起电器向瓶子中的水充电,并由此得到启发,将储存电的玻璃瓶贴上锡箔制成了能储存电的瓶子,由于马森布洛克是荷兰莱顿人,所以人们将它称为"莱顿瓶"。

导体、具有集中于物体尖端等特点。于是,他写了一篇名为《论天空闪电和我们的电气相同》的论文,并送给了英国皇家学会。但是,富兰克林的设想遭到了人们的嘲笑,有人甚至讥笑他是"想把上帝和雷电分家的狂人"。

富兰克林和儿子威廉带着风筝和莱顿瓶到野外做捕捉天电试验。

他决心用事实来证明一切。1752年7月的一天,富兰克林终于盼来了一场雷雨天气。他和儿子威廉一起,带着上面装有一个金属杆的风筝,来到一片空旷的草地上。

富兰克林高举起风筝,他的儿子则拉着风筝线飞跑,风筝徐徐升上阴雨密布的天空。突然,一道闪电劈开云层,在天空划了一个"之"字,接着"嘎嘣"一声脆雷,如铜钱般的雨点就瓢洒盆泼般地倾泻了下来。他和儿子紧张地注视着西边的天空,只见电光一道道闪过,雷声一声更比一声响亮。这时,刚好一道闪电从风筝上掠过,富兰克林用手靠近风筝上的金属杆,立即掠过一种恐怖的麻木感。他激动地大声喊道:"我被电击了!我被电击了!"

富兰克林用这一著名的风筝实验,证实了自己的观点:天上的雷电与人工摩擦产生的电性质完全相同,闪电就是一种放电现象。

继富兰克林之后,许多科学家又重复了富兰克林的实验,以确证对闪电的认识。经过长期的研究,科学家们逐步揭示了雷电的本质:云层之间,或云层与地面之间,云与空气之间的电位差增大到一定程度时,就会发生猛烈的放电现象,随之产生震耳欲聋的雷鸣。

没有任何动物比蚂蚁更勤奋,然而它却最沉默寡言。

电流磁效应
电磁学时代到来的标志

电现象与磁现象的相似性是人们很早就谈论的话题。当法国物理学家库仑发现电力与磁力都是与距离平方成反比的力以后,寻找电与磁之间的联系便成为不少人研究的课题。丹麦物理学家奥斯特抓住这一天赐良机,终于发现了电流磁效应,从而揭开了电磁学的序幕。

1820年4月的一天,丹麦物理学家奥斯特要做一次电学方面的演讲,听众是一些物理爱好者和精通物理知识的学者。演讲之前,奥斯特一直在思考电和磁之间的联系,他打算试一下电流对磁针的作用。但是,在实验准备就绪之后,却发生了一件意外事故,使得他在演讲之前未能进行实验。带着准备就绪的实验设备,奥斯特走进了演讲大厅。他边讲边做演示实验,深入浅出地给听众讲解电磁学知识。这次演讲精彩极了,一次接一次地赢得大家热烈的掌声。演讲临近尾声,奥斯特顺手将一枚小磁针放在了一根导线的下方,磁针的指向正好与导线的方向平行。当给导线通电的时候,他看到磁针发生了转动。

汉斯·克里斯蒂安·奥斯特(1777～1851),丹麦物理学家。1820年因电流磁效应这一杰出发现获英国皇家学会科普利奖章。1851年3月9日在哥本哈根逝世。

磁针转动的角度很小,根本没有引起听众的注意。何况长期以来,磁现象与电现象是被分别进行研究的,许多科学家都认为电与磁没有什么联系,连法国大物理学家库仑也曾断言,电与磁是两种完全不同的实体,它们不可能相互作用或转化。

"难道电和磁之间有联系?"奥斯特不由得心头一震。

对这个现象奥斯特非常重视,他敏锐地意识到,电和磁之间一定有联系。初次的发现使奥斯特非常激动,演讲一结束,他立刻回到实验室研究这个现象。

在此后的3个月时间里，奥斯特做了60多次实验，用无可辩驳的事实证明了电和磁之间存在的联系：电流可以产生磁场。

这年7月21日，奥斯特发表了题为《关于磁针上电流碰撞的实验》的论文。论文用极其简洁的语言论述了他多次实验的结果，最后，他总结出：电流的作用仅存在于载流导线的周围；沿着螺纹方向垂直于导线；电流对磁针的作用可以穿过各种不同的介质；作用的强弱决定于介质，也决定于导线到磁针的距离和电流的强弱；铜和其他一些材料做的针不受电流作用；通电的环形导体相当于一个磁针，具有两个磁极。

一次实验中，奥斯特偶然发现了电流的磁效应。

这一重大发现公布于世后，立即引起很大的轰动。这天作为一个划时代的日子被载入史册，它揭开了电磁学的序幕，标志着电磁学时代的到来。

在奥斯特无懈可击的实验面前，一些科学家明白了电流磁效应的重要性和价值。因此在这一重大发现之后不久，一系列的新发现接连出现：安培发现了电流间的相互作用，阿拉果制成了第一个电磁铁，施魏格发明了电流计等。

在奥斯特发现电流磁效应的第二年，英国化学家戴维进一步发现，在铁或钢块外面绕上通电的金属导线时，该铁块或钢块就变成了电磁铁。电磁铁很快便被用于研究与技术中。

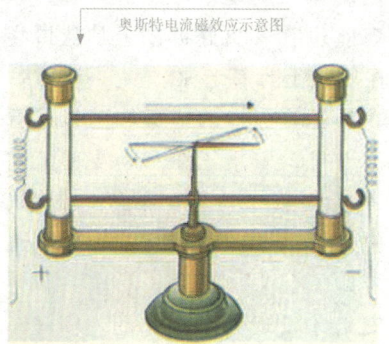

奥斯特电流磁效应示意图

名人名言

我不喜欢那种没有实验的枯燥的讲课，因为归根结底所有科学进展都是从实验开始的。

——奥斯特

人类历史上的伟大发现

安培定律
电动力学的基础

电动机通电后能转动起来,在日常生活中是一个很平常的现象,聪明的你可曾思考过其中的原因?它的理论基础是法国著名物理学家安培创立的"安培定律",这一极为重要的定律,构成了电动力学的基石。

1820年9月11日,法国科学院召开会议,主题是由物理学家阿拉果报告奥斯特关于电流能够产生磁场的新发现。演示实验让大家目睹了电流作用磁针的现象。法国科学家们受到极大震动,他们一向认为电和磁没有联系的观念在事实面前被击得粉碎。

安培是一位易于接受科学事实的科学家,他在讨论过程中提出,既然电流能够像磁石一样吸引小磁针,那么由此可以推断,导线中的电流也能够相互作用。这一见解引起了与会的毕奥和阿拉果的极大兴趣。会议结束后,他们一起找到安培,约好在科学院大门口见面。

安培刚到科学院门口不久,脑海中浮现出两条平行导线中电流的作用问题。正想得入神,略微抬头,突然发现前边有一块黑板,于是从口袋中掏出一支粉笔在黑板上计算起来。

这一切被等在科学院门口的毕奥和阿拉果看在眼里。他们远远看见,安培正在用一支粉笔在一辆马车的后车身上写着,马车在不停地走着,安培跟在后面不停地写着。此时,马车走得越来越快,安培就跟着跑了起来。后来,马车一转弯就不见了,这时安培才发现,原来那是一辆马车

安德烈·玛丽·安培(1775~1836),法国物理学家,在电磁作用方面的研究成就卓著,对数学和化学也有贡献。电流的国际单位安培即以其姓氏命名。最主要的成就是1820~1827年对电磁作用的研究。他还研究过概率论和积分偏微分方程,显示出他在数学方面突出的才能。

的后车身。安培懊丧地站在路中央,看着马车带着他那块"黑板",载着他那密密麻麻的计算公式渐渐地消失……

安培已经完全被奥斯特的新发现迷住了,回家后,这一新发现不停地在他的脑海里盘旋。于是,他一头扎进实验室没日没夜地忙活起来了。在实验室里,安培用不同的电源和导线反复进行实验。有时候,他把导线折成方框后通上电流,有时又把导线对折再通电流,有时候,他还把导线做成螺旋形或圆形通上电流。

1820年12月4日,经过一系列实验和夜以继日的工作,安培找到了电流间相互作用的实验根据,他向科学院提交了一篇论文,报告了他一生中最伟大的发现:电流不仅对磁针有作用,而且两个通有电流的导线之间也有相互作用。两个通电导线的电流方向相同时,则相互吸引;两个通电导线的电流方向相反时,则相互排斥。同时,他还指出电流的这种行为,与异性电荷相互吸引、同性电荷相互排斥的行为恰恰相反,这是由于电的作用力的类型不同而引起的。

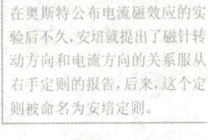

上图为右手定则示意图。在奥斯特公布电流磁效应的实验后不久,安培就提出了磁针转动方向和电流方向的关系服从右手定则的报告,后来,这个定则被命名为安培定则。

沿着这个研究道路,安培继续探索,在后来的研究中又取得了大量成果。他后来还发现了电流之间相互作用的规律,同时,还确定了判断电流磁场方向的安培定则和判断磁场对电流作用力方向的左手定则。

1821年1月,在对电学进行了更深入的研究后,安培提出了"分子电流"的假说,成功地解释了物质磁性形成的内部原因。几年后,他总结了多年来研究电学方面的成果,出版了题为《电动力学理论》的著作,从而建立起了电动力学的基本框架。人们称他是电学研究领域最伟大的大师之一,麦克斯韦称他为"电学中的牛顿"。

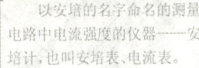

以安培的名字命名的测量电路中电流强度的仪器——安培计,也叫安培表、电流表。

人类历史上的伟大发现

欧姆定律
电学中的重要定律

欧姆定律是电学中的重要定律,是组成电学内容的骨干知识。欧姆定律及其公式的发现,给电学的计算带来了很大的方便。它不仅在理论上非常重要,在实际应用中的用途也非常广泛,与日常生产、生活用电的联系非常密切。

从18世纪末到19世纪初,法国的科学研究水平跃居世界之冠,而德国在当时还比较落后,尤其是在物理学方面。德国物理学家们片面强调定性的实验,忽视理论概括的作用,他们对于法国人的数学物理研究方法甚为不满。

1806年,拿破仑在耶拿战争中挫败了普俄联军,给德国以巨大的打击。一些改革者提出要以法国科学为榜样,彻底改造德国的科学体制,因此使德国的教育有了较快的发展。大学引进法国科学经典著作作为教本,开办讨论班和研究生班,以培养具有特殊技能的人才。

欧姆正是在这种环境中开始电路实验的理论研究,发现欧姆定律的。

1822年,法国数学家傅立叶将导热规律总结为"傅立叶定律",其内容是:通过等温面的导热速率与温度梯度及传热面积成正比。几年后,欧姆从傅立叶定律受到启发,认为电流现象与热传导类似。导热杆中两点之间的温度差相当于导线中两端之间的驱电力;导热杆中的热流相当于导线中的电流。欧姆猜想,如果导热杆中两点之间的热流强度正比于这两点的温度差,导线中两点之间电流应正比于这两点之间的某种驱

> 乔治·西蒙·欧姆(1789~1854年),德国物理学家,除了发现了欧姆定律,欧姆还发现了电阻与导线的长度及横截面的关系。为纪念欧姆,人们将测量电阻的物理量单位以他的姓氏来命名。

电力。他把这种驱电力称为电动力，即今天的电势差。

开始，欧姆使用伏打电堆作电源，但它的电压很不稳定，给实验研究工作带来很大的困难。1821年，塞贝克发明温差电池。欧姆接受波根道夫的建议采用了温差电池。但他还面临着另一个电流强度的测量

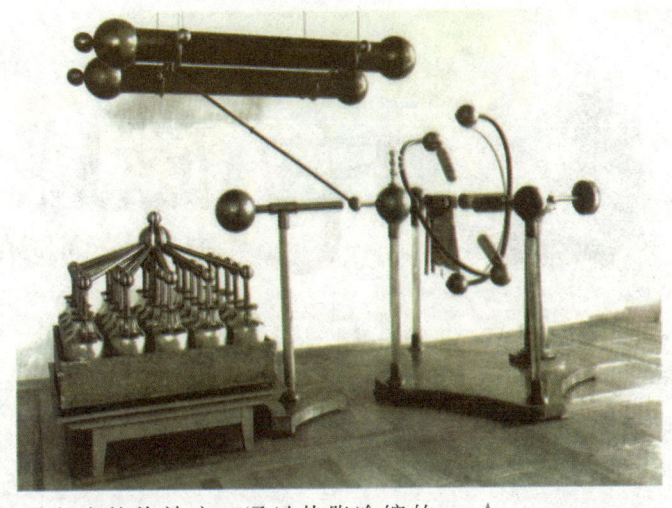

欧姆设计的实验装置

问题。开始，欧姆曾设想用电流的热效应，通过热胀冷缩的方法测量电流强度，但很难获得精确的测量结果。

后来，他把奥斯特关于电流磁效应的发现和库仑扭秤结合起来，设计了电流扭秤：用一根扭丝悬挂一磁针，让通电导线和磁针都沿子午线方向平行放置；再用铋和铜温差电池，一端浸在沸水中，另一端浸在碎冰中，并用两个水银槽作电极，与铜线相连。当导线中通过电流时，他发现磁针的偏转角与导线中的电流成正比。也就是说：在同一电路中，导体中的电流跟导体两端的电压成正比，跟导体的电阻成反比。这就是欧姆定律。1827年，欧姆发表了这项实验结果。

随后，欧姆在原来的基础上又做了数学处理和理论加工，在定义电流强度和电势差等概念的基础上，欧姆得到一个更加完满的公式：$S = r \cdot E$。其中S表示导线的电流强度；r为电导率，其倒数即为电阻；E为导线两端的电势差。该公式发表在《用数学推导伽伐尼电路》一文中。欧姆的这部著作，是19世纪德国的第一部数学物理理论著。

欧姆定律及其公式的发现，给电学的计算带来了很大的方便。它不仅在理论上非常重要，在实际应用中的用途也非常广泛，与日常生产、生活用电的联系非常密切。

库仑扭秤

电磁感应
电磁学领域的重大发现

电能能够转化为机械能，机械能也能转化为电能，自然界原来是如此和谐完美，我们不禁为之惊叹、为之陶醉。电磁感应现象的发现，改变了人类的历史，预示着人类从蒸汽时代进入一个崭新的电气时代！

1820年，丹麦科学家奥斯特发现电流磁效应，这一重大发现很快便传遍了欧洲，人们因此确信电流能够产生磁场。这一现象引起了当时很多科学家的关注和研究，其中包括当时正从事电和磁研究的英国物理学家法拉第。他想：既然电流能产生磁，那么为什么磁不能产生电流呢？

这一伟大的灵感一经闪现，就在法拉第的心中扎了根。1822年，他在笔记本中写下了一个崭新的研究课题——"把磁转变成电"。从此，为了证实这一科学闪念，从1821年到1831年，法拉第整整耗费了10年时间，从设想到实验，他反复做了无数次的研究实验，付出了辛勤劳动。最初，他试图用强磁铁靠近闭合导线或用强电流使邻近的闭合导线中产生稳定的电流，但都失败了。假如根据奥斯特的发现，被推动的电

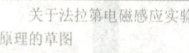
关于法拉第电磁感应实验原理的草图

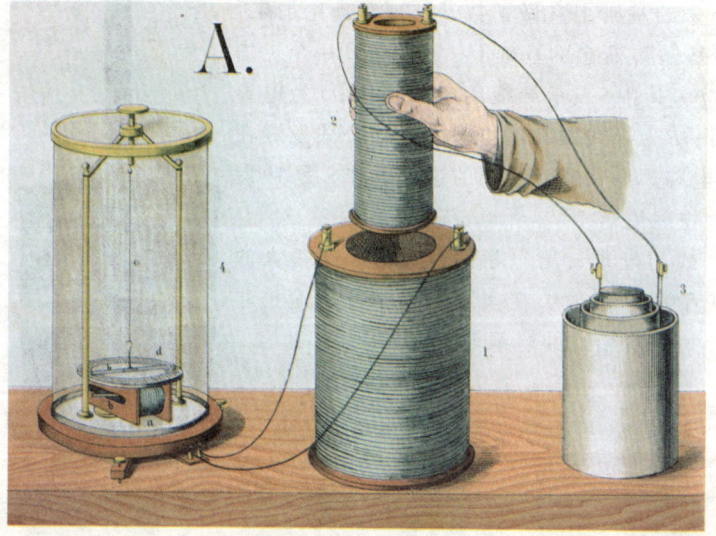

荷对磁铁产生作用,也就是说"产生磁",那么被推动的磁铁也应该产生电。

于是,他按照自己的设想设计了一个实验装置,他的装置类似于我们今天的变压器:在一边接上一个伏打电池(法拉第称为A)和一个中断电流的开关,在另一边(称为B)接上一个电流显示器(即当有电流时,显示出偏转的一个磁针)。接通A的电流时,B电路上的测量仪显示短暂的偏转,然后,指针立即又回到0位。当A路中的电流被中断时,也出现偏转(但向另一个方向偏转)。法拉第原本希望,在整个电流动过程中,在A和B电路中都有电流产生。但是,磁针却准确无误地表明:只在"开"和"关"的时刻才效应存在。后来,法拉第很快发现,永久磁铁也可以用于感应。

1831年10月17日这天,法拉第实现了重大突破。他在直径为1.9厘米、长为21.6厘米的空心纸筒上绕了8层螺旋线,把8层线圈并联后再接到检流计上。当他把磁铁棒迅速地插入螺线管时,检流计的指针就偏转了;然后又迅速地拉出来,指针在相反的方向上发生了偏转。每次把磁棒插入或拉出时,这个效应就会重复,因而电的波动只是当磁铁靠近时才产生。这就是一个原始的发电机,它通过磁体的机械运动而产生电流。此后,法拉第又继续进行大量的实验,以探讨电磁感应产生的条件。

1831年11月24日,法拉第写了一篇论文,他把可以产生感应电流的情况概括成5类,正确地指出了感应电流与源电流的变化有关,而不与源电流本身有关。他将这一现象与导体上的感应电做了类比,把它命名为"电磁感应"。

第二年,法拉第采用了笛卡儿发明的磁力线这个概念来解释"电磁感应"现象。他认为:感应电流是导体切割磁力线产生的,电流方向由切割磁力线的方向决定。这就是我们今天还常用到的"右手定则"。

法拉第(1791~1867),英国著名物理学家、化学家。他在1831年发现了电磁感应现象,另外还发现了电解定律、磁光效应、物质的抗磁性等。除了物理方面的杰出成就,法拉第在化学方面也有很多重要的贡献。1846年,法拉第获得了伦福德奖章和皇家奖章。为了纪念他,人们用他的名字"法拉"来命名电容的单位。

像蜡烛为人照明那样,有一分热,发一分光,忠诚而踏实地为人类伟大事业贡献自己的力量。

——法拉第

能量转换和守恒定律
一切科学的基石

能量转换和守恒定律是自然科学中最基本的定律之一,也是全部科学的基石,它科学地阐明了运动不灭的观点,深刻地揭示了自然界各种运动状态的普遍联系和统一性,为人类解决了一系列重大的科学问题。

迈尔

能量转换与守恒定律,又称热力学第一定律、能量不灭定律,它是指能量既不会凭空产生,也不会凭空消失,它只能从一种形式转化为其他的形式,或从一个物体转移到其他物体,在这一过程中其总量不变。

在能量转换和守恒定律发现的过程中,最值得一提的有3位科学家,他们分别是:迈尔、焦耳和亥姆霍兹。

德国医生迈尔最早是从人体新陈代谢的研究中得到这个重要发现的。1840年,26岁的迈尔在一艘船上做随船医生,当他给生病的船员抽血时,发现病人的静脉血比在欧洲时颜色要红一些,他想可能是由于血中含氧量较高的缘故。而含氧量之所以高,是机体中食物的燃烧过程减弱的结果。这使他联想到食物中化学能与热能的等效性。1842年,迈尔发表了题为《论无机界的力》的论文,提出了建立不同的力之间的当量关系的必要性。

迈尔从理论上揭示了能量转换和守恒定律,而

焦耳

亥姆霍兹

英国物理学家焦耳对于热功当量的精确测定为这一定律的建立提供了最重要的实验基础。1840~1841年间,经过多次通电导体产生热量的实验,他发现电能可以转换为热能。

1843年,焦耳钻研并测定了热能和机械功之间的当量关系,并宣布:自然界的能是不能毁灭的,哪里消耗了机械能,总能得到相当的热,热只是能的一种形式。

> **名人名言**
> 我一生只做了两三件事,没有什么值得炫耀的。
> ——焦耳

亥姆霍兹是德国物理学家、生理学家,他是从生理学问题开始对能量守恒原理进行研究的。1847年,亥姆霍兹出版了《论力的守恒》一书。在书中,亥姆霍兹确认"力"的守恒定律在自然界中所起的作用,给出了不同形式的能的数学表达式,并研究了它们之间相互转换的情况。《论力的守恒》这部著作成了能量守恒定律论证方面影响较大的一篇历史性文献。

除了上述3位物理学家作出了主要贡献外,还有法国的卡诺、塞甘、伊伦,德国的莫尔、霍耳兹曼,俄籍的瑞士化学家赫斯,英国的格罗夫,丹麦的柯耳丁等人,都曾独立地发表过有关能量守恒方面的论文,对能量守恒定律的发现作出了贡献。

能量守恒定律表达了关于运动量不可创造和不可消灭的普遍规律,它概括了一切物理现象——力、热、电、磁、光的现象,并揭示了这些现象运动形式之间的统一性,从而达到物理科学的第二次大综合。另外,它促进了人们对自然现象认识的辩证观点的发展。

自从这个定律发现以来,人类在对能量的认识上取得了2个伟大的成就:一是能量子的发现,这一发现直接导致了现代物理学的诞生;二是质能关系的发现,这一发现使人类找到了新的能源——原子能。

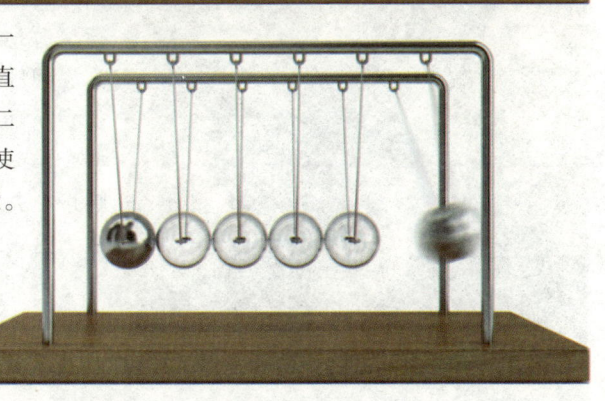

当最左边的球撞击左边第二个球时,最右边的球会摆动起来,中间4个球仅起了能量传递的作用。

人类历史上的伟大发现

电磁波
无线电技术的新纪元

电磁波在当今人们的生活中起着异常重要的作用，无线电报、雷达等都是用电磁波来传递信息的。这个伟大发现是几代科学家、发明家共同努力的结果。电磁波发现不久，利用电磁波技术的新兴事物很快被推出，人类的生活发生了巨大的变化。

麦克斯韦1873年出版了科学名著《电磁理论》以后，他的学说在当时并不为众人所接受。因为没有足够的科学实验证明它，所以电磁理论始终处于预想阶段。是德国物理学家赫兹把天才的预想变成世人公认的真理，使假说变成了现实。

一天，赫兹正在做一次放电实验，他突然发现在附近的线圈上迸发出小火花。赫兹马上联想到，这是电谐振的结果，就像声学实验中相同的音叉会产生共振一样。赫兹由此受到启发，从此开始了捕捉电磁波的系统实验。

1886年，赫兹在恩师亥姆霍兹的指导和帮助下，制成了一套完备的实验仪器。他将两个用空气隔开的金属小球调到一定的位置，接上高压交流电，使电荷交替地涌入，由于两球之间的电压很高，间隙中的电场很强，空气分子被电离，从而形成一个导电通路。通电时，两个本来不相连的小球间却发出吱吱的响声，并有蓝色的电火花一闪一闪地跳过，这说明小球间产生了电场。

按照麦克斯韦的方程，电场再激发磁场，磁场再激发电场，连续扩散开去，便有电磁波传递。为了能接收到电磁波，

赫兹对人类最伟大的贡献是用实验证实了电磁波的存在。

赫兹设计了一个简单的检波器来探测此电磁波。他将一小段导线弯成圆形，线的两端点间留有小电火花隙。因电磁波应在此小线圈上产生感应电压，而使电火花隙产生火花。

赫兹又在离金属球4米远的地方用一根导线弯成环形，线的两端之间有一个间隙，做成了一个能探测电磁波的检波线圈。当火花发生器通电后，检波器的间隙里果然出现了蓝光闪闪的小火花。可见火花发生器的电流能产生辐射，它的能量能跨越空间，从发生器送到接收环。这就说明发射球和接收环之间有电磁波在运动了。

后来，赫兹又通过反复实验证明了电磁波具有光一样的反射性能。此后，他还悉心研究了电磁波的折射、干涉、偏振和衍射等现象，并且算出了速度为每秒30万千米，同时证实了在直线传播时，电磁波的传播速度与光速相同，从而全面验证了麦克斯韦的电磁理论的正确性！并且进一步完善了麦克斯韦方程组，使它更加优美、对称，得出了麦克斯韦方程组的现代形式。

1888年1月，赫兹将这些成果总结在《论动电效应的传播速度》一文中。这一发现公布后，轰动了整个科学界。至此，麦克斯韦总结的电磁理论终于取得了决定性的胜利。电磁波的发现是近代科学史上的一座里程碑，具有划时代的意义，它不仅证实了麦克斯韦发现的真理，更重要的是开创了无线电电子技术的新纪元。后来，人们为了纪念赫兹，便用他的名字"赫兹"来命名频率的单位，简称"赫"。

名人名言

法拉第和麦克斯韦的思想，是物理学自牛顿以来的一次最深刻和富有成效的变革……只是等到赫兹以实验证明了麦克斯韦电磁波的存在以后，对新理论的抵抗才被打垮。

——爱因斯坦

电磁波通讯方式

电子
第一个基本粒子

电子是构成物质微观结构的一种基本粒子。它是人类发现的第一个基本粒子,电子的发现不但揭示了电的本质,而且为物理学研究打开了通向微观世界的大门,促使激光、半导体、超导等现代科学技术得以诞生。

人类发现电子的过程相当漫长。早在1833年,在法拉第提出的电解定律中,就曾得出结论:电是以独立粒子的形式存在的。40年后,科学家才对电流通过盐酸溶液时观察到的电解过程进行深入的分析。1874年,爱尔兰物理学家斯托尼第一个由电解定律推出:原子所带的电量为一个基本电荷的整数倍。1894年他进一步提出用电子作为电的最小单位。

汤姆逊发现电子的工作开始于研究阴极射线的本性。阴极射线发现后,一些科学家认为阴极射线是带电粒子流,而另一些则认为它是和光一样的电磁波,为此,双方始终争执不下。

约瑟夫·约翰·汤姆逊(1856—1940),著名的英国物理学家,以其对电子和同位素的实验著称。他发现了电子,并且获得了诺贝尔物理学奖。

对此,汤姆逊思考:如果阴极射线是一种带电的粒子流,它经过电场和磁场时运动的方向就会改变,否则阴极射线便无疑是和光一样的电磁波。为了证实自己的想法,汤姆逊做了一个实验:他先是在一个15米长的真空管内,用旋转镜法测量阴极射线在低气压中的传播速度,得到的值为$1.9×10^5$米/秒,这个值远远低于光速。因此汤姆逊认为不能把阴极射线看作电磁波。

否定了阴极射线是电磁波,也不能说

阴极射线是粒子流，汤姆逊接着进行阴极射线在电场和磁场中运动的实验。他对法国物理学家佩兰测定阴极射线电荷的实验做了重大改进，在接收筒内他收集到了负电荷。他还发现阴极射线与负电荷流在磁场和电场的作用力下有着相同的运动路径。因此，汤姆逊断定阴极射线是由带负电荷的粒子流组成的。

那么这些带负电荷的粒子是什么呢？带着这个疑问，汤姆逊巧妙地测出阴极射线粒子的电荷与质量的比值——荷质比。他用各种不同的金属材料做成阴极射线管的阴极，并给管内填充不同的气体，但测出的荷质比值始终不变。

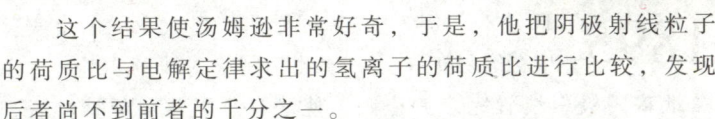
汤姆逊在做实验。

这个结果使汤姆逊非常好奇，于是，他把阴极射线粒子的荷质比与电解定律求出的氢离子的荷质比进行比较，发现后者尚不到前者的千分之一。

这个发现太重要了，因为如果阴极射线粒子的电荷与氢离子相同，那么阴极射线粒子的质量就远小于氢离子。由于氢离子已是当时知道的最轻的粒子，如果是这样，阴极射线粒子就是一种从未见过的新粒子。怎么测出阴极射线粒子的电荷呢？汤姆逊想到他的另一位学生汤森德已测出一个气体离子的电荷值，他对这个实验略加改进，就测出阴极射线粒子的电荷量，这个值与氢离子的电荷值相等。

由此，汤姆逊得出了结论：阴极射线是一种粒子流，质量比氢离子小得多；这种粒子带有最小单位的电荷，但却是负的。所有的证据都证明这是一种人类从未知道的新粒子。借助斯托尼的对电荷最小单位的命名，汤姆逊称阴极射线粒子为"电子"。

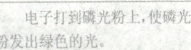
电子打到磷光粉上，使磷光粉发出绿色的光。

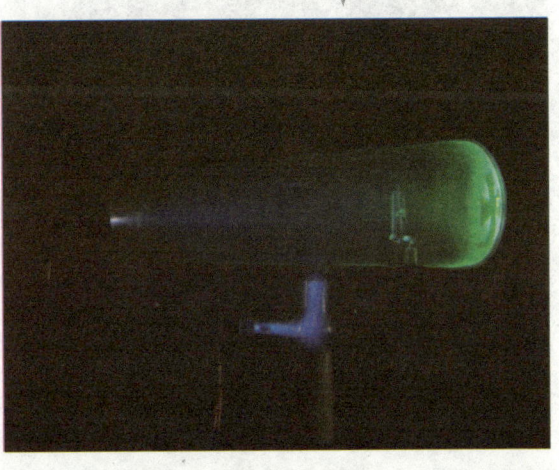

电子的发现打破了"原子不可分"的观念，也打开了现代物理学研究领域的大门，标志着人类对物质结构的认识进入了一个新的阶段。

X 射线
奇妙的光线

19世纪末，德国科学家伦琴首次发现X射线。X射线是一种看不见的射线，它的穿透力非常强。这一发现具有重大意义，它是19世纪末最具有革命性的发现之一，对物理学、医学等多方面产生了深刻影响。

1895年11月8日傍晚，在德国维尔茨堡大学的一个实验室里，伦琴正在做一项关于阴极射线的实验。他用黑纸将阴极射线管完全遮掩好，使之与外界相隔绝，然后把窗帘放下。当他打开高压电源，检查有没有光线从管中漏出的时候，突然发现有一道绿光从附近的一个板凳射出。他把高压电源关掉，光线也随着消失。板凳是不会发出光的，敏感的伦琴立刻点灯，发现板凳上摆着自己原来做实验时用的一块硬纸板，硬纸板上涂了一层荧光材料。

威廉·伦琴

伦琴知道从阴极射线管中散出的阴极射线的有效射程仅有2.5厘米，显然是不会跑出这么远的。那这是什么光使荧光材料闪光的呢？伦琴很快意识到有某种未知光线被发现了，并且这种光线能穿过黑纸包层，激发涂料的晶体发出荧光。伦琴惊喜万分！他再次打开开关，用一本书挡在阴极射线管与硬纸板之间，发现硬纸板依然有光。他先后在阴极射线管与硬纸板之间放了木头、玻璃、硬橡胶等，但都不能挡住这种光线。

伦琴在实验室里整整做了7个星期的实验，终于确定这是一种尚不为人类所知的新射线。由于对它的性质还不十分了解，所以定名为"X射线"。后来，科学界为了纪念

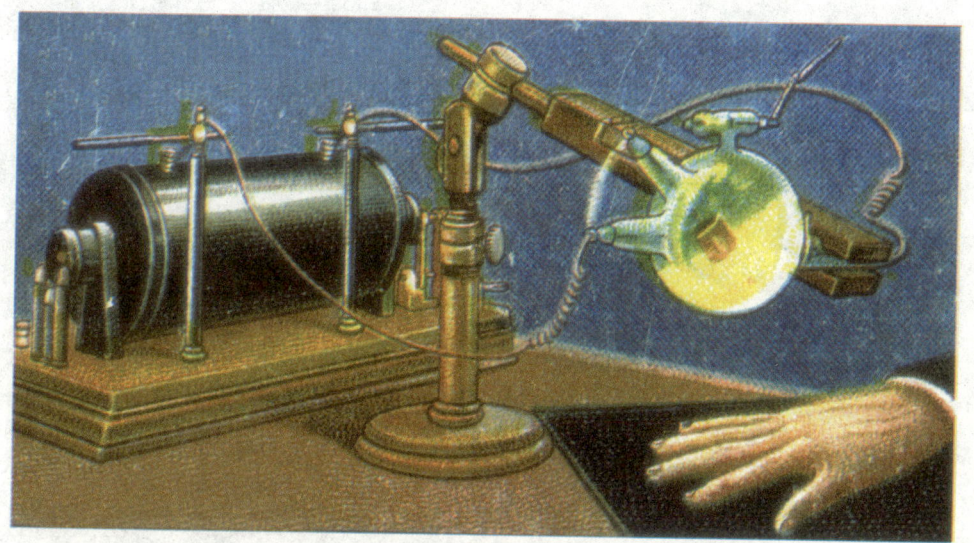

伦琴发现X射线的装置

它的发现,将之称为"伦琴射线"。

1895年12月下旬,伦琴将他的研究成果写成论文。在随后的一次检验铅对X射线的吸收能力时,他意外地看到了自己拿铅片的手的骨骼轮廓。于是,伦琴请他的夫人把手放在用黑纸包严的照相底片上,用X射线照射,底片显影后,看到了伦琴夫人的手骨像,手指上的结婚戒指也非常清晰,这成了一张有历史意义的照片。

1896年元旦,伦琴将他的论文和第一批X射线照片复制件分送给一些著名物理学家。几天之后,这个发现就传遍了全世界,在公众中引起轰动。其传播之迅速,反应之强烈,在科学史上是罕见的。X射线很快就被应用于医学和金属探伤等领域,从而创立了X射线学。X射线究竟是一种电磁波,还是一种粒子流,曾经争论许多年。直到1912年德国物理学家劳厄和他的助手发现X射线通过晶体后产生衍射现象,才证明它是一种波长很短的电磁波。

X射线的发现具有十分重大的意义,它是19世纪末20世纪初发生的物理学革命的开端。它的发现对于化学的发展也有重要意义:1913年,根据对各种元素的特征X射线光谱的研究,发现了莫斯莱定律,确定了元素的原子序数等于核电荷数,这对元素周期律的发展和原子结构理论的建立起了重要作用。以X射线晶体衍射现象为基础建立起来的X射线晶体学,是现代结构化学的基石之一。

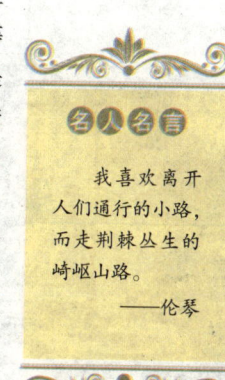

名人名言

我喜欢离开人们通行的小路,而走荆棘丛生的崎岖山路。
——伦琴

镭
打开探索原子世界的大门

镭是一种化学元素。它能放射出人们看不见的射线，不用借助外力，就能自然发光发热，含有很大的能量。镭的发现引起科学和哲学的巨大变革，为人类探索原子世界的奥秘打开了大门。由于镭能用来治疗癌症，也给人类的健康带来了福音。所以镭被誉为"伟大的革命者"。

从19世纪末到20世纪初，世界科学事业收获了重要的成果。镭元素的发现就是其中最引人注目的，它的发现从根本上改变了物理学的基本原理，对于促进科学理论的发展和在实际中的应用，有着十分重要的意义。

发现镭元素的是一位杰出的女科学家——居里夫人。

1896年，贝克勒尔发现放射性，吸引了包括居里夫妇在内的一批杰出的科学家。就在这一年，为了获得博士学位，居里夫人审慎地选择着研究课题。有一次，贝克勒尔的一篇报告引起了她的注意。报告中写道，铀和钠的化合物具有一种特殊的本领，能自动、连续地放出一种眼睛看不见的射线。

"这是怎样的一种神奇光线呢？"

居里夫人感觉这是一个非常难得的研究题目，她决定要揭开这个谜，于是就正式确定了自己的研究方向。要研究放射性元素，需要一间宽敞的实验室，她的丈夫皮埃尔·居

氯化镭的提炼需要漫长而坚苦的过程。用铁棍搅拌锅里沸腾的沥青铀矿渣，人的眼睛和喉咙必须忍受着锅里冒出的烟气的刺激，经过一道又一道的工序，才能从几吨沥青铀矿渣中得到0.1克的氯化镭。

里在一所理化学校借到一间小工作间。这个工作间又冷又潮，条件非常简陋，但是居里夫人毫不在乎，专心做她的实验。

在研究过程中，她发现，能放射出那奇怪光线的不只有铀，还有钍。她把这些光线称为"放射线"。居里夫人在进一步的研究中发现，可能还有一种物质能够放射光线。这种光线要比铀放射的光线强得多。她认为，这种新的物质，也就是还未被发现的新元素，只是极少量地存在于矿物之中。她把它命名为"镭"，在拉丁文中，它的原意就是"放射"。

皮埃尔·居里对这一大胆的设想表示赞同，同时，他也意识到这一研究的重要性，他毅然放下自己的研究课题，和居里夫人一起投入到寻找这种新元素的艰巨的化学分析工作中。因为没有看到这种元素，其他科学家大都不相信。

为了得到镭，测定镭原子的原子量，向科学界证明镭的存在，居里夫妇夜以继日地努力工作。为了提取纯镭，他们必须从沥青铀矿中分离出镭来。沥青铀矿中的镭含量极其稀少，许多吨的矿石，需要经过混合、溶解、加热、过滤、蒸馏、结晶等一系列的工作，才可能分离出极小份数的镭。

到1902年，通过45个月艰苦繁重的劳动，在数万次的提炼后，他们从数吨沥青铀矿渣中提炼出了0.1克纯净的氯化镭，在光谱分析中，它清楚地显示出镭特有的谱线。居里夫人测出它的原子量为225，其放射性比铀强200多万倍，这一伟大的举措证实了镭元素的存在。

镭的发现从根本上改变了物理学的基本原理，对于促进科学理论的发展和在实际中的应用有十分重要的意义。如今，镭已经成为医生们与癌症作斗争的有力工具，为保持人的健康和延长病人的寿命起着越来越大的作用。

漫画家笔下的居里夫妇

人类历史上的伟大发现

名人名言

我们应该不虚度一生，应该能够说："我已经做了我能做的事。"

——居里夫人

67

原子核
原子科学的丰碑

在探索原子奥秘的征途中，原子核和电子的发现是近代物理学发展中的里程碑。1911年，英国物理学家卢瑟福证实了原子核的存在，这一发现为原子科学的发展树立了不朽的丰碑，对于认识原子结构具有十分重要的意义。

19世纪末，物理学上爆出了震惊科学界的"三大发现"：1895年，德国物理学家伦琴发现了X射线；1896年，法国物理学家贝克勒尔发现了天然放射性；1897年，英国物理学家汤姆逊发现了电子。这些伟大发现激励了英国物理学家欧内斯特·卢瑟福，使他决心对原子结构进行深入研究。

1906年，卢瑟福开始研究原子内部结构。他认为，要了解原子内部的情形，最好的办法是把它砸开。他选择α粒子作为砸开原子的子弹。射击α粒子的枪是极少量的镭。镭是放射性元素，它连续不断地放射出α粒子。镭放在一个仅开一个小口的铅容器里面，让α粒子射出。

1909年至1911年间，卢瑟福和他的合作者们做了用α粒子轰击金箔的实验，然而实验却得到了出乎意料的结果。绝大多数α粒子穿过金箔后仍沿原来的方向前进，少数粒子却发生了较大的偏转，并且有极少数粒子的偏转角超过了90°，有的甚至被弹回，偏转角几乎达到180°，这种现象叫做粒子的散射。实验中产生的α粒子大角度散射现象，使卢瑟福感到惊奇。因为这需要有很强的相互作用力，除非原子的大部分质量和电

欧内斯特·卢瑟福

荷集中到一个很小的核上，否则大角度的散射是不可能的。

1912年，在反复实验研究之后，卢瑟福公布了他的原子模型构想，即：原子里有一个很重的中心，叫做原子核。原子核外是绕核飞快运转的电子，每一个电子都在一种确定的轨道上运行着。

卢瑟福把原子的结构跟太阳系比。他说：原子核是原子的中心，正像太阳是太阳系的中心一样。电子隔着很远的距离沿轨道绕着中心旋转，正像行星隔着很远的距离沿着轨道绕着太阳旋转一样。

经过进一步的实验，他提出了一个更完整的原子模型：原子的中央是由很重的带正电的质子构成的核，原子的重量几乎都集中在原子核上，远离这个核的是很轻的带负电的电子。在此基础上，他提出原子的有核结构。1919年，卢瑟福在用α粒子轰击氮原子核的实验时候，确定了质子的存在。

1932年，英国物理学家查德威克在研究玻特和贝克尔发现的穿透力很强的射线中确定了中子的存在。这样原子核是由质子和中子构成则被人们所公认，并且不同类的原子核内质子数是不同的；每一个质子带一个单位的正电荷，中子不带电。从此，原子核结构的序幕被拉开了。

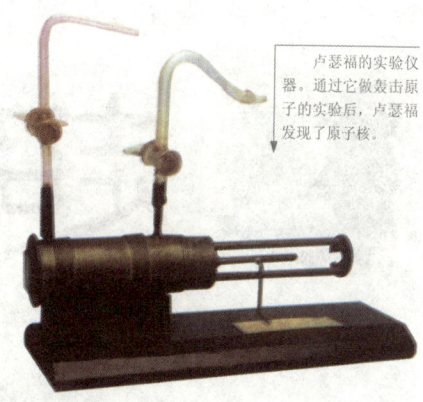

卢瑟福的实验仪器。通过它做轰击原子的实验后，卢瑟福发现了原子核。

名人名言

科学家不是依赖于个人的思想，而是综合了几千人的智慧。所有的人想一个问题，并且每人做他的部分工作，添加到正建立起来的伟大知识大厦之中。

——卢瑟福

卢瑟福在实验室。

超导

低温世界的"魔术盒"

电阻在我们的生活中充当的是优缺点兼具的角色:白炽灯泡能亮是由于灯丝有电阻,电炉能烧饭也得归功于炉丝的电阻;但是在输电线上,电阻越大,电的消耗也越大,所以人们希望导线的电阻越小越好,没有最好。后来物理学家昂纳斯发现超导现象,从而使希望变成了可能。

低温世界是一个魔术般的世界,把一束鲜花放在液态氮中一浸,拿出来向地上一摔,鲜花就会像玻璃一样破碎;把一只橡皮球放在液态氮里一浸后拿出,能像铃铛一样敲响;水银在低温下冻得比铁还硬,可以用锤子把它钉在墙上;在液氮中冻硬的面包,在漆黑的房间里竟能发出天蓝色的光辉……荷兰莱顿大学低温物理学家昂纳斯的实验室就是这样一个美丽的童话世界。这所实验室是世界上最冷的地方,虽然莱顿城里鲜花常开,但是实验室里制造出来的低温,比南极或北极的最低温度(-88℃)还要低几倍。

当时,科学家已经能把除了氦气以外的气体全部都变为液态。利用液态氢,已获得-253℃的低温,昂纳斯决心获得更低的温度。但是,要使氦气变成液态,困难还很大。例如在液体氦的温度下,连空气都会变成固体,如果不小心与空气接触,空气便会立刻在液体氦的表面上结成一层坚硬的盖子。不过,昂纳斯是不会被这点困难吓倒的。

低温实验室并不是一个拥有良好环境的地方,实验室里充满了管道,还有隆隆作响的真空泵。因为低温不是一下子就能获得的,必须沿着温度的台阶一步一步向下走,温度越低就越困难。利用液化气体的方法,昂纳斯先用氯甲烷达到-90℃,用乙烯达到-145℃,用氧气达

卡末林·昂纳斯

到-183℃，用氢气达到-253℃。终于在1908年成功地实现了最后一种永久气体——氦气——的液化，得到了-269℃的低温。在这以后，他用液氦抽真空的方法，得到-272℃。

这个温度属于超低温，当时世界上只有莱顿大学的低温实验室可以达到这样的低温。昂纳斯和他的同伴在这得天独厚的条件下进行极低温度下的各种现象的研究。他们发现水银、铅、锡等金属在温度降到一定程度以下时，电阻会突然消失，变成超导电性物体。如果用这种超导体做成线圈，这个线圈中一旦产生了电流，电流就会永远存在，因为电阻已经消失，电流不会在流动中衰减。昂纳斯把一个铅质的线圈放在液体氦中，铅圈旁放一块磁铁，突然把磁铁撤走，根据法拉第的电磁感应，铅圈内便产生了感应电流。果然，在低温的条件下，电流不断地沿着铅圈转起来，就像一匹不知疲倦的马一样。

物理学称这种现象为超导现象。1913年，昂纳斯因为发现超导现象而获诺贝尔物理学奖。

如今，超导的研究成果已在科研、医疗、交通、通信、军事、电力和能源等领域得到了应用。

> 在一个浅平的锡盘中，放入一个体积很小但磁性很强的永久磁体，然后把温度降低，使锡盘出现超导性，这时可以看到，小磁铁竟然离开锡盘表面，慢慢地飘起，悬浮不动。持续的电流流动表面的超导体，排除磁场的磁铁，人们将这种现象称之为"迈斯纳效应"。

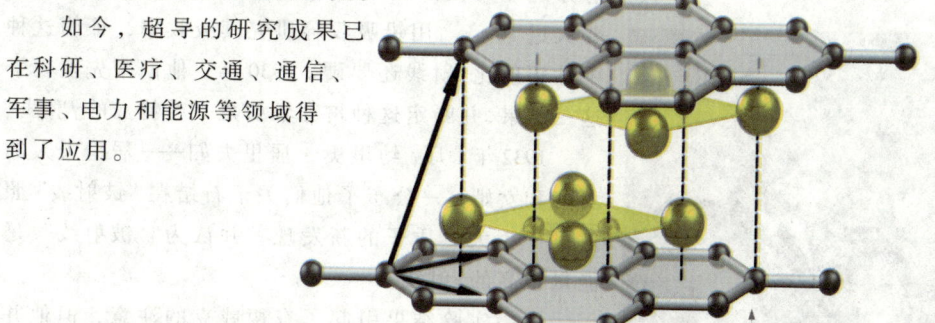

设想的金属盐超导体

中子
打开原子核大门的钥匙

中子是人们发现的一种重要的基本粒子,是原子核的组成部分。在原子物理学的发展中,中子的发现是一件划时代的大事,它澄清了原子核的基本结构,为核模型理论奠定了基础,加速了原子核物理的发展。

1920年,质子已经被发现,英国物理学家卢瑟福曾作出"原子核内可能存在着质量与质子质量相同的中性粒子"的理论预言。为了检验卢瑟福的假说,卡文迪许实验室从1921年就开始了实验探索工作。

接手这项工作的正是查德威克。1923年,他得到卢瑟福的同意,用游离室和点计数器作为检测手段,尝试在大质量的氢化材料中检测γ射线的发散。在初步做了这些尝试之后,查德威克考虑到中子只有在强电场中形成的可能性,但没有合适的变压器可用。正当查德威克着手进一步开展探讨中子的研究时,柏林的玻特和巴黎的约里奥·居里夫妇相继发表了他们的实验结果。

从1928年起,德国物理学家玻特和他的学生贝克尔就开始用钋发射的α粒子轰击一系列轻元素,发现α粒子轰击铍时,会使铍发射穿透能力极强的中性射线,强度比其他元素所得要大过10倍。用铅吸收屏研究其吸收率,证明这种中性辐射比γ射线还要硬。1930年,他们率先发表了这一结果,并断定这种贯穿辐射是一种特殊的γ射线。

1932年1月,约里奥·居里夫妇——居里夫人的女儿和女婿——公布了他们关于石蜡在"铍射线"照射下产生大量质子的新发现,并认为"铍射线"是能量很高的γ射线。

这一实验结果引起了查德威克的注意,但他并

詹姆斯·查德威克

不同意居里夫妇的解释。他意识到,这种射线很可能就是由中性粒子组成的,这种中性粒子就是解开原子核正电荷与它质量不相等之谜的钥匙!于是,他立刻着手研究约里奥·居里夫妇做过的实验。在对铍辐射的研究中,他用这种射线先后辐射轻、重不同的几种元素,结果发现射线的性质与通常的γ射线有所不同。

当这种射线轰击氢原子和氮原子时,打出了一些氢核和氮核。由此,他断定这种射线不可能是γ射线。因为通常的γ射线照射到物质上时,物质密度越大,对γ射线吸收得越厉害,而这种射线的性质刚好相反,密度越小的物质越容易吸收它。

当查德威克用这种射线轰击氢原子核时,发现它被反弹回来,说明这种射线是具有一定质量的中性粒子流。

后来,查德威克通过对反冲核的动量测定的结果,再利用动量守恒定律进行估算,终于确定出这种射线中性粒子的质量和质子一样,而且不带电荷。于是,他沿用了美国化学家哈金斯的"中子"这一名称作为对这种粒子的正式命名,并在1932年的《自然》杂志上发表论文《中子可能存在》,详细地论证了中子发现的过程。查德威克因此获得1935年的诺贝尔物理学奖。

中子就这样被发现了。查德威克解决了理论物理学家在原子研究中遇到的难题,完成了原子物理研究上的一项突破性进展。中子的发现具有深远的影响,由此引起了一系列后果:第一是为核模型理论提供了重要依据,苏联物理学家伊万宁科据此首先提出原子核是由质子和中子组成的理论;其次是激发了一系列新课题的研究,引起一连串的新发现;第三是找到了核能实际应用的途径。意大利物理学家费米用中子作"炮弹"轰击铀原子核,发现了核裂变和裂变中的链式反应,开创了人类利用原子能的新时代。

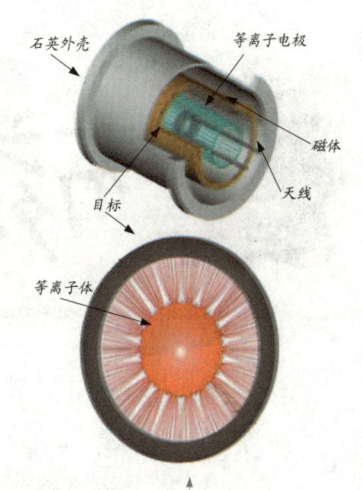

中子发生器

中子弹爆炸,中子弹被运用到现代战争武器中。它是第三代核武器,是一种用中子流和γ射线为主要杀伤手段的武器。

磷
燃烧的"鬼火"

现在我们知道,民间传说中的"鬼火"是一种磷的氢化物产生的自燃现象,自然界中的这种磷的氢化物是由人及动物的尸体腐烂分解而形成的,它是一种气体,当遇到空气,就会自动地燃烧起来。有趣的是,最早发现的磷和鬼火并没有关系,而是从尿液中提炼出来的。

17世纪,盛行炼金术,据说只要找到一种石头——哲人石,便可以点石成金,让普通的铅、铁变成贵重的黄金。炼金术士仿佛疯子一般,采用稀奇古怪的器皿和物质,在幽暗的小屋里,口中念着咒语,在炉火里炼,在大缸中搅,朝思暮想地寻觅能点石成金的哲人石。

当时,德国汉堡有一个想发财的商人名叫布兰德,千方百计地寻找生财之道。当他偶尔听人说,从人的尿液里可以制造出黄金或是能够点石成金的宝贝时,就决心尝试一番。于是,他偷偷地收集了大量的尿液,一点一点地慢慢蒸干后,又胡乱地加上各种各样的东西,今天用煮的办法,明天又用烧烤的办法,一次一次地使其干下去。

无巧不成书。1699年,布兰德在经过几十次的改变配方、更换方法后,居然在一次将尿渣、沙子和木炭放在炉火中加热,尔后用水冷却产生蒸汽时,得到了一种在黑夜中能发出荧光的物质。这就是他初次得到的磷——一小块白色柔软的白磷(磷的一种单质)。

在化学史上,这属于十分巧合的事,并且相当罕见。尽管磷可以形成各种各样的化合物,遍布于人及动物体内,但要用磷的化合物来制取单质,都需要经过复杂的化学反应。工业生产上,经常是用磷矿石为原料,加上石英和焦炭,再经过1500℃的高温,而产

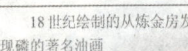
18世纪绘制的从炼金房发现磷的著名油画

生的磷蒸气，在隔绝空气的状态下，冷凝到凉水中，才会成为固体的白磷。

尿液可以制造出黄金，这压根就是一种荒谬的说法，其实，当时的人们谁也不知道人和动物的尿液里到底含有什么东西。如今我们知道，尿液的成分，除了绝大部分是水之外，主要的是尿素。此外还有一些新陈代谢的废物，其中便含有极少量的硫、磷等元素，而且是以极其复杂的有机化合物的形式存在的，只有在经过长时间的发酵蒸发后，才能变成磷酸盐。同时，由于饮食情况的不同，排泄物中所含磷的量也有所不同。

磷

布兰德虽然没有得到黄金，却意外地制出了奇怪发光的宝物，他同样欣喜若狂。发光是磷和空气慢慢化合的结果，当然，这在1个世纪以后才被弄清楚，但这种发光现象却使磷的发现蒙上了一种神秘感。由于分离出来的物质像蜡一样既白又柔软，它在黑暗中能放出闪烁的亮光，根据这些特征，布兰德将它称为Phosphorus，在希腊语中，意思就是"晨星"。晨星是光的"产婆"，因为在它出现后不久，太阳就要升起了。在早晨，金星比太阳早到达东方地平线，因而在太阳升起之前，它已闪烁在东方的天空，它就是"晨星"，也叫"冷光"（即白磷）。

白磷是白色半透明晶体，在空气中缓慢氧化，产生的能量以光的形式放出，因此在暗处发光。19世纪早期，白磷曾被用于火柴的制作中，但白磷有剧毒，用起来很不安全。到1845年，奥地利化学家施勒特尔发现了红磷，确定白磷和红磷是同素异形体。由于红磷无毒，在240℃左右着火，受热后能转变成白磷而燃烧，于是红磷成为制造火柴的原料，一直沿用至今。

1772年，拉瓦锡首先把磷列入化学元素的行列。他燃烧了磷和其他物质，确定了空气的组成成分。磷的发现促进了人们对空气的认识。

中世纪的炼金术士相信一些元素能转化成黄金而热衷于冶炼矿石。

氮气
"窒息的空气"

科学家对大气的研究导致了氮气的发现。氮气在大气中约占总体积的 4/5，但因通常条件下很不活泼，在一般化学反应中很难察觉到。所以人们只是在分离出氧气后才较多地认识到氮气的性质，但氮气的发现却早于氧气。

早在 1771～1772 年间，瑞典化学家舍勒就根据自己的实验，认识到空气是由两种彼此不同的成分组成，即支持燃烧的"火空气"和不支持燃烧的"无效的空气"。

1772 年，英国科学家卡文迪许也曾分离出氮气，他把它称为"窒息的空气"。同年，英国科学家普里斯特利也得到了一种既不支持燃烧，也不能维持生命的气体，他称它为"被燃素饱和了的空气"，意思是说，因为它吸足了燃素，所以失去了支持燃烧的能力。

但是，无论是舍勒，还是卡文迪许或普里斯特利，都没有及时公布发现氮的结论。因此，化学文献中大都认为氮在欧洲首先是由英国化学家丹尼尔·卢瑟福发现的。

就在同一年，英国化学家布拉克也在从事这一研究。他在一个钟罩内，放进燃烧着的木炭，而燃烧一阵子后，木炭就熄灭了。布拉克认为木炭在钟罩内燃烧可以生成"固定空气"（即二氧化碳）。当布拉克用

氮储藏室

氢氧化钾溶液吸收了二氧化碳后，钟罩内仍有一定的剩余气体留下来。这种神秘的气体到底有何性质？他无法回答。为了寻求答案，布拉克要求他的得意门生卢瑟福继续研究这个问题。

卢瑟福用动物重做这个实验。当他把老鼠放入密闭钟罩内时，老鼠会被闷死。老鼠闷死后，罩内气体的体积缩小了十分之一。若将密闭器皿内的气体用碱液去吸收，发现气体的体积又继续失去十分之一。可是一个奇怪的现象吸引了卢瑟福，在这老鼠也无法生活的气体里，居然可以点燃蜡烛，你可见到烛光隐现。而当烛光熄灭以后，如果往密闭容器内投入少许磷，磷又可继续燃烧⋯⋯

卢瑟福的实验使他明确了这样两个问题：一是人们很难从空气中把氧气全部除净；二是这种剩余的气体既不助燃，也无助于呼吸。它不能维持动物的生命，并具有灭火作用。这种气体在水和氢氧化钾溶液中也不溶解。卢瑟福把这种气体称为"浊气"或"毒气"，也就是没有燃素的气，因此不会再被用做燃烧的气。卢瑟福是虔诚的"燃素说"支持者，他犯了一个极大的错误，他不承认"浊气"是空气的一种成分。因此，尽管他发现了氮气的存在，但却无法摆脱传统观念的束缚，对气体的性质作科学的阐释，所以在距离真理只有一步远的地方停了下来。

不久，法国科学家拉瓦锡摆脱了传统错误理论燃素说的束缚，以实验为根据，经过科学的分析和判断，他发现这种"气体"很不活泼，是一种不助燃、不能维持生命的气体，因此将其命名为"氮"，意为"没有生命"。

自然界绝大部分的氮是以单质分子氮气的形式存在于大气中，氮气占空气体积的78%。

名人名言

了解和解释现象，使我忘却了一切的一切，因为假使能达到最后的目的，那么这种考察是何等愉快啊⋯⋯它可从心底涌现！

——舍勒

77

氧气
燃烧学最坚固的基石

氧气的发现，在化学史上有着十分重要的意义。它使化学理论发生革命，把17世纪下半叶至18世纪中叶流行的燃素说推向了崩溃的边缘，成为化学革命的导火线，更是科学燃烧学说赖以建立的一块最坚固的基石。

17世纪下半叶至18世纪70年代，德国化学家施塔尔提出的燃素说在化学领域占统治地位。燃素说解释燃烧现象时，错误地认为一切与燃烧有关的化学变化都可以归结为物体吸收燃素和释放燃素的过程。其主要错误是把灰说成是单质，却又把金属说成化合物，并把金属的燃烧过程说成是分解反应。如果确有燃素这种物质存在，它就应具有重量，然而，金属经煅烧释放燃素后重量非但没有减少，反而增加。

但是，由于燃素说解释了某些燃烧现象，使当时的化学家对它深信不疑，以至其统治化学界达百年之久。正是因为许多化学家固执地遵循燃素说前行，致使氧气由发现到最终被确认的过程充满了艰辛和曲折。

1772年，瑞典化学家舍勒用加热氧化汞、硝酸盐以及让软锰矿与浓硫酸相互作用等多种方法制得了氧气。他发现蜡烛在这种气体中燃烧得更加猛烈，光芒耀眼；该气体可被硫酐（多硫化钾）和白磷所吸收等。他将这些实验结果写入《论火与空气》一书中。但由于出版商的延误，该书直到1777年才得以问世。

由于被燃素说蒙住了眼睛，舍勒未能对燃烧现象作出正确解释。他总想把自己的

普里斯特利

发现纳入当时流行的理论框架之中，因此在理论上却步不前。他把制得的氧气称为"火空气"，认为燃烧是"火空气"与可燃物中的燃素结合的过程，火就是"火空气"与燃素生成的化合物。

另外，舍勒还用软锰矿与盐酸作用制得过氯气，但他也给它贴上燃素说的标签，将其命名为"脱燃素盐酸"。

1774年，普里斯特利用一个直径为30厘米的大凸透镜，把阳光聚焦起来，加热氧化汞，用排水集气法收集产生的气体，并研究了这种气体的性质。他发现蜡烛在这种气体中燃烧时，火焰更加明亮；老鼠在瓶中的存活时间为相同容积的普通空气的2倍。他用玻璃吸管从放满这种气体的大瓶里吸取它，感到十分轻松舒畅。

卡尔·威尔海姆·舍勒是瑞典著名的化学家，也是氧气的发现人之一。

普里斯特利独立地发现并制得了氧气，成为第一位详细叙述了氧气的各种性质的科学家。但遗憾的是，普里斯特利和舍勒一样也是燃素说的忠诚信徒，他并没有认识到氧气在燃烧中的作用。他推断这种气体必然含有极少的燃素或不含燃素，并称它为"脱燃素空气"，意思是纯粹不含燃素的空气。

名人名言

尊贵的学问
是我一生的目标！
——舍勒

不久，普里斯特利和拉瓦锡见面时讨论了氧气的问题，普里斯特利便将氧气的制法和性质告诉了拉瓦锡。后来，拉瓦锡重复了这些实验，指出普里斯特利制出的气体不是"脱燃素空气"，而是能够助燃的氧气，同时，拉瓦锡还提出了燃烧反应的氧化学说。后来，拉瓦锡的氧气说终于被接受，统治化学界达百年之久的燃素说最终宣告破产，但是普里斯特利仍坚持自己错误的燃素说，并写了很多文章反对拉瓦锡。这是化学史上很有趣的事实，一位发现氧气的人，反而成为反氧化学说的人。

普里斯特利的实验装置

如今算来，普里斯特利已经是200多年前的化学家了，但是他所发现的氧气，却是使后来化学蓬勃发展的一个重要因素。因此，各国的化学家至今都还很尊敬他。

燃烧理论
——一场深刻的化学革命

人们对于燃烧现象的正确认识是伴随着气体化学的发展而发展的。18世纪下半叶,随着化学知识的积累和化学实验的不断丰富,人们在发现多种气体的基础上认识到了空气的复杂成分,这就为科学的燃烧理论开辟了道路。

远古时代,火的使用使人类从野蛮状态走向文明。10世纪以前,人们认为物质燃烧取决于一种特殊的"燃素"。近代以来,关于燃烧现象的本质众说纷纭。自17世纪下半叶至18世纪70年代,欧洲比较流行的是有严重错误的燃素说。燃素说错误地认为物质在燃烧时,可燃的要素是一种气态的物质,存在于一切可燃物质中。

1774年,普里斯特利发现氧气时,正在英国舍尔伯恩伯爵的图书馆里工作。这年10月,普里斯特利应邀拜访了法国著名化学家拉瓦锡。他把自己的实验和新发现的气体——"脱燃素空气"——告诉了拉瓦锡。拉瓦锡深受启发,他回到自己的实验室,多次重复做普里斯特利的实验,结果发现普里斯特利制出的气体并不是"脱燃素空气",而是能够助燃的氧气。

后来,拉瓦锡做了许多关于燃烧的实验,像磷、硫、木炭的燃烧,有机物质的燃烧,锡、铅、铁的燃烧,氧化铅、硝酸钾的分解等。经过这些实验,他终于得出了这样的结论:空气是由2种气体组成,一种是能够帮助燃烧的,称为"氧气";另一种是不能帮助燃烧的,他称之为"窒息空气"——"氮气"。并由此揭

拉瓦锡针对当时化学物质的命名呈现一派混乱不堪的状况,与其他人合作制定出化学物质的命名原则,创立了化学物质分类的新体系。

开了燃烧之谜。

燃烧,并不是像燃素学说所说的那样,是燃素从燃烧物中分离的过程,而是燃烧物质空气中的氧气化合的过程,在这一过程中同时产生光和热。

例如水银的加热实验:受热时,水银和氧气化合,变成了红色的"渣滓"——氧化汞。由于钟罩里的氧气渐渐地都和水银化合了,所以加热到第12天以后,氧化汞的量就很少再增加。然而,当猛烈地加热氧化汞时,它又会分解,放出氧气,在瓶中析出水银。

史前人类学会使用火,与现代人发明使用计算机一样具有划时代的深远意义。从此,人类告别了黑暗和寒冷,开始了吃熟食的文明生活。

1777年9月5日,拉瓦锡向法国科学院提交了划时代的《燃烧概论》,系统地阐述了燃烧的氧化学说,清楚地、令人信服地说明了燃烧的本质,批判了燃素学说。他把自己的燃烧理论,归纳成这样4点:

①燃烧时放出光和热。

②物质只在氧气中燃烧。

③氧气在燃烧时被消耗;燃烧物在燃烧后所增加的重量,等于所消耗的氧气的重量。

④燃烧后,非金属燃烧物往往变成酸性氧化物,而金属则变为残渣。

新生事物常常会遭到旧势力的排斥。尽管在当时,拉瓦锡已经十分明白地揭示了燃烧的秘密,但是,仍然有一些化学家死抱住燃素学说不放,连著名的罗维兹在1786年还企图用实验证明燃素的存在。

到了18世纪末,拉瓦锡的学说终于被化学界普遍承认,燃素学说终于被推翻了。科学的氧化燃烧理论的提出和建立,实践了一场深刻的化学革命,确立了科学的近代化学。

名人名言

在任何情况下,都应该使我们的推理受到实验的检验,除了通过实验和观察的自然道路去寻求真理之外,别无他途。

——拉瓦锡

人类历史上的伟大发现

氢气
最轻的气体

氢是宇宙间最丰富的元素，尽管它并不是以单质形态存在于地球上，可是太阳和其他一些星球却由大量的纯氢构成。这种星球上发生的氢热核反应所产生的光和热普照四方，温暖了整个宇宙。

氢气是世界上最轻的气体，它的密度非常小，只有空气的1/14。在18世纪末以前，曾经有不少人做过制取氢气的实验，所以实际上很难说是谁发现了氢气，即使是对氢气的发现和研究有过很大贡献的英国科学家卡文迪许，也认为氢气的发现不只是他个人的功劳。

早在16世纪，瑞士著名医生帕拉塞斯就描述过铁屑与酸接触时有一种气体产生；17世纪时，比利时著名的医疗化学派学者海尔蒙特曾偶然接触过这种气体，但没有把它离析、收集起来。尽管波义耳偶然收集过这种气体，但并未进行研究。他们只知道它可燃，此外就很少了解。1700年，法国药剂师勒梅里在巴黎科学院的《报告》上也提到过它。

最早把氢气收集起来，并对它的性质仔细加以研究的是卡文迪许。因此，在化学元素发现史上氢气的发现者目前公认的是卡文迪许。

1766年，卡文迪许用铁、锌等与稀硫酸、稀盐酸作用制得一种气体，他把这种气体命名为"易燃空气"（实际就是氢气）。他用普利斯特利发明的排水集气法把它收集起来，进行研究。他发现这种气体与空气混合后点燃会发生爆炸，与氧气化合后会生成水。不仅如此，卡文迪许还发现该气体不溶于水和碱液，与各种不同类型的酸作用时，所产生的量都是固定的，酸的种类、浓度都影响不了它。这样特殊的性质与其他已知气体都不相同，因此他推论这是

卡文迪许出身豪门，但生活俭朴。他终身未婚，毕生从事科学研究，在化学和物理实验方面作出了卓越贡献，被称为"一切有学问的人中最富有的人，也是一切富人中最有学问的人"。

一种新的元素。

然而，卡文迪许对燃素说非常忠诚，根据他的理解，这种气体燃烧起来这么猛烈，一定富含燃素，硫磺燃烧后成为硫酸，那么硫酸中是没有燃素

1783年8月27日，查理把他的氢气球释放升空，这是人类第一次成功地完成载人氢气球的飞行。其后数年间，这种灌氢的气球在法国大行其道，被称为"查理气球"。

的，而按照燃素说金属也是含燃素的。所以，他错误地认为这种气体是从金属中分解出来的，而不是来自酸中。

由于氢气的密度很小，卡文迪许曾一度把它当成梦寐以求的燃素。这种推测很快就得到当时的一些杰出化学家，如舍勒、基尔万等的赞同。其他许多燃素论者也因此而欢欣鼓舞。由于充满氢气的气球在空气中会徐徐上升，这种现象在当时曾被一些燃素学说的信奉者们当成他们论证燃素具有负载重量的重要根据。但好景不长，科学态度严谨的卡文迪许通过一系列的实验终于弄清了空气浮力问题，而且证明了氢气是有重量的，只是密度比空气小得多而已，不能作为燃素存在的证明。

1782年，法国化学家拉瓦锡在建立正确的燃烧理论的基础上，用红热的枪筒分解了水蒸气，他明确地提出：水不是元素而是氢和氧的化合物。这个正确的结论纠正了2000多年来把水当做元素的错误概念。此后的1787年，他把卡文迪许称做"易燃空气"的这种气体命名为"Hydrogen"（氢），意思是"产生水的"，并确认它是一种元素。

名人名言

我认为科学家的时间应当最少地用在生活上，最多地用在科学上。

——卡文迪许

分子原子学说
近代化学的重要基础

分子原子学说揭示了微观粒子的组合方式，为人们研究化学反应的本质、进一步研究物质的微观结构打开了关键的一扇大门。它所揭示的化学反应现象与本质的关系，冲击了当时僵化的自然观，对整个哲学认识论的发展起到了促进作用。

物质是由原子构成的这一猜想，对18世纪以前的人们来说并不陌生，但是真正把这一猜想从推测转变为科学概念的，是英国的道尔顿。

道尔顿一直从事原子问题的研究，1803年9月，他提出了相关的著名论断：①原子是组成化学元素的、非常微小的、不可以再分割的物质微粒。在化学反应中原子保持其本来的性质。②同一种元素的所有原子的质量以及其他性质是完全相同的，不同元素的原子具有不同的质量以及其他性质，原子的质量是每一种元素的原子的最根本特征。③有简单数值比的元素的原子结合时，其原子之间就发生化学反应而生成化合物，化合物的原子称为复杂原子。④一种元素的原子与另一种元素的原子化合时，它们之间构成简单的数值比。

同年10月21日，道尔顿报告了他的化学原子论，并且宣读了他的第二篇论文《第一张关于物体的最小质点的相对重量表》。他的理论引起了科学界的广泛重视。

1804年以后，道尔顿又对甲烷和乙烯的化学成分进行分析实验，在这个过程中，他发现了倍比定律：相同的2种元素生成2种或2种以上的化合物时，若其中一种元素的质量不变，

约翰·道尔顿（1766~1844），英国近代化学家，近代化学的奠基人。

另一种元素在化合物中的相对重量成简单的整数比。道尔顿认为倍比定律既可看做原子论的一个推论,又可看做是对原子论的一个证明。几年后,汤姆逊在《化学体系》一书中详细地介绍了道尔顿的原子论。

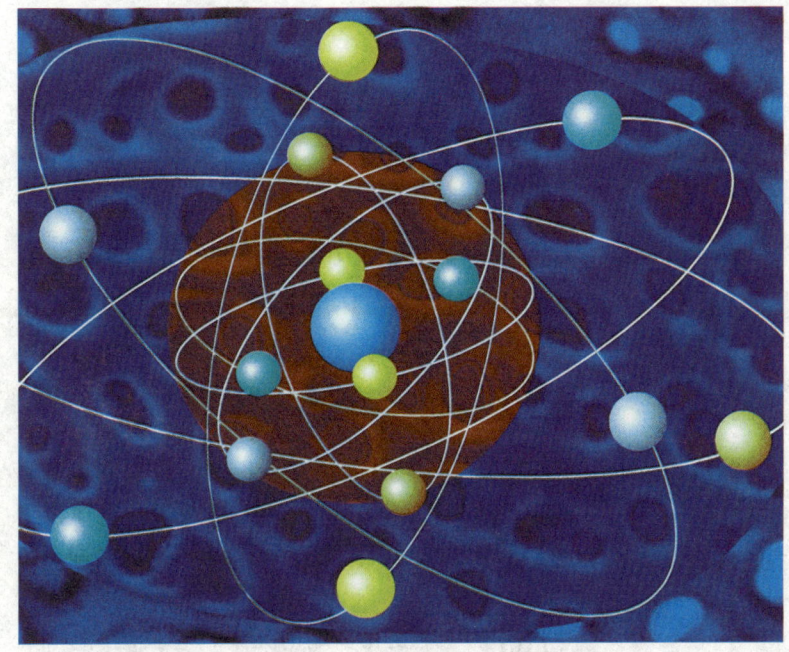

原子结构最里面的原子核,以及外层环绕原子核不同状态下的电子。

就在 1804 年,道尔顿的主要化学著作《化学哲学的新体系》正式出版,书中详细记载了道尔顿的原子论的主要实验和主要理论,自此道尔顿的原子论才正式问世。

道尔顿的原子学说具备了雄厚的科学依据,但是新的实验事实面前又出现了新的矛盾,它最大的缺点就是必须根据人们事先已知某种化合物的存在,来决定其化合物的分子式。

1811年,意大利科学家阿伏伽德罗在原子学说中引进分子概念。他认为,构成气体的粒子不是原子,而是分子。单质的分子由同种原子构成,化合物的分子由几种不同的原子构成。阿伏伽德罗的假设基本上克服了道尔顿原子学说的缺点。事实上,如果没有阿伏伽德罗的补充,那么分子原子学说是不能被真正确立的。

经阿伏伽德罗补充的这个分子原子学说比以前的原子学说又有了很大进展。过去,在原子和宏观物质之间没有任何过渡,要从原子推论各种物质的性质是很困难的。现在,在物质结构中发现了分子、原子这样不同的层次。因而我们可以认为,人们对于物质是怎样构成的问题,其认识已经接近物质的本来面貌了。

如果我比我周围的人获得更多的成就的话,那主要——不,我可以说,几乎单纯地——是由于不懈的努力。
——道尔顿

碘
海洋植物中的元素

碘化钾、碘化钠、碘酸盐等含碘化合物，在实验室里是重要试剂；在食品和医疗上，它们又是重要的养分和药剂，对于维护人体健康起着重要的作用。在人体内，碘是一种必需的微量元素，人体缺碘可导致一系列生化紊乱及生理功能异常，由此可见碘的重要性。

碘是一个变化多端的元素，它虽然属于非金属元素，却又闪耀着金属般的光芒；它虽然是固体，却又很容易升华，只要一加热，它可以不经过液态而直接变成气态。人们常常以为碘蒸气是紫色的，其实不然，这是因为里面夹杂着空气，纯净的碘蒸气是蓝色的。

在法国第戎附近的诺曼底海岸有许多浅滩，海生植物受到海浪和潮水的冲击，会漂浮到浅滩上。在退潮的时候，一个名叫库特瓦的年轻人经常到那里采集黑角菜、昆布和其他藻类植物。这些采集物经晒干后烧成灰，再用水浸渍就得到一种溶液，这种溶液经蒸发后可先后结晶出氯化钠、氯化钾和硫酸钾，其中氯化钾可用来生产硝石。

库特瓦出生于法国的第戎，他的家与有名的第戎学院隔街相望。他的父亲是硝石工厂的厂主，并在第戎学院任教，还常常做一些化学讲演。库特瓦一面在硝石工厂做工，一面在第戎学院学习。他很喜欢化学，后来又进入综合工业学院深造。毕业后当过药剂师和化学家的助手，后来又回到第戎，帮助父亲经营硝石工厂。

液体碘

一次，库特瓦在处理硫酸钾的母液时，加入了浓硫酸，不料，容器上方竟然产生了紫色的蒸气，犹如美丽的云彩冉冉上升。最后这种使人窒息的蒸气竟然充满了实验室，当蒸气在冷的物体上凝结时，它并不变成液体，而是成为一种暗黑色的带有金属光泽的结晶。这一现象使库特瓦非常惊讶，他对这种结晶体进一步研究，发现这种新物质不易跟氧或碳发生反应，但能与氢和磷化合，也能与锌直接化合。尤为奇特的是这种物质不能为高温分解。库特瓦根据这一事实推想，它可能是一种新的元素。

由于库特瓦的实验设备简陋，药物缺乏，加之他还要把主要精力放在经营硝石工业上，所以他无法证实这种新物质是新元素。最后他只好请法国化学家德索尔姆和克莱芒继续这一研究，并同意他们自由地向科学界宣布这种新元素的发现经过。

藻类中含有丰富的碘。

经过深入的研究，1813年，德索尔姆和克莱芒发表了题为《库特瓦先生从一种碱金属盐中发现新物质》的报告。他们在研究报告中写道："从海藻灰所得的溶液中含有一种特别奇异的东西，它很容易提取，方法是将硫酸倾入溶液中，放进曲颈瓶内加热，并用导管将曲颈瓶的口与采集器连接。溶液中析出一种黑色有光泽的粉末，加热后，紫色蒸气冉冉上升，蒸气凝结在导管和球形器内，结成片状晶体。"他们相信这种结晶是一种与氯类似的新元素。

为了进一步达到确定的答案，他们又向化学权威戴维、盖·吕萨克、安培等人做了报告。戴维用直流电将碳丝烧成红热，使它与这种结晶接触，并不能把它分解，证明它是一种元素。1814年，这一元素被定名为碘，希腊文意为"紫色"。

名人名言

我的那些最主要的发现是受到失败的启示而作出的。

——戴维

臭氧

天然的保护屏障

臭氧层就像撑在空中的一把伞,保护着地球上的生灵。尽管只是薄薄的一层,但却能有效地阻挡太阳光线中对人体和生物造成伤害的那部分紫外线的照射。亿万年来,万物生灵在臭氧层的荫护下得以生存和繁衍。

地球上的人类和生物亿万年来能够正常地生长发育,世代繁衍,仰仗了一种特殊物质的保护,这种物质就是臭氧。自然界的臭氧主要分布在距地面15千米到50千米的大气平流层中,形成一个环绕地球的臭氧层,是太阳紫外线的天然屏障。尽管这种屏障只是薄薄的一层,但却能有效地阻挡太阳光线中对人体和生物造成伤害的那部分紫外线的照射。如果这种物质消失了,我们赖以生存的地球就会成为一个不设防的星球,能杀伤生物的紫外线便无遮无拦地长驱直入,地球上的生灵就会灭绝。

其实,臭氧很早就被人发现了。当时人们用兽皮毛摩擦物体时嗅到特殊臭味的气体,这就是臭氧。琥珀是树脂在地层下受压后形成的一种黄色至红褐色半透明的天然塑料,表面光滑,古代人们从地下挖掘到它后,用它制成玩赏的小饰件,琥珀受到皮毛摩擦后产生静电放电,会使周边空气中的氧气转变成臭氧。

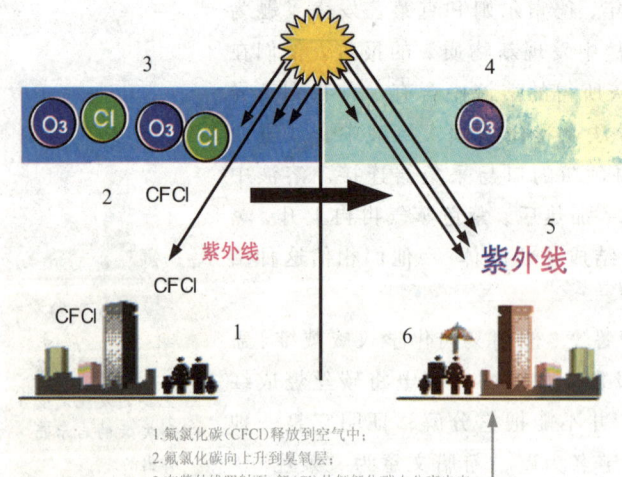

1. 氟氯化碳(CFCl)释放到空气中;
2. 氟氯化碳向上升到臭氧层;
3. 在紫外线照射下,氯(Cl)从氟氯化碳中分离出来;
4. 氯破坏臭氧层;
5. 臭氧减少导致紫外线照射增强;
6. 强烈的紫外线照射极易引起皮肤病变。

现今，臭氧也是在放电中被发现和制成的。在近代化学实验中最早制得臭氧的是荷兰化学家马鲁姆。1785年，他在密闭的玻璃管中汞面上的氧气通电后，发觉有一股非常强烈的臭味，好像是电气的味道。但是，他并不知道这股臭味到底是什么。

由于全球气候变暖，引起极地冰川消融，甚至解体，按目前各冰川的体积计算，南极冰盖若全部融化，将会使全球海平面上升约65米，给人类的生存带来巨大威胁。

直到1840年，德国化学家舍恩拜因在空气中进行放电实验，也嗅到了这种电气的味道，他认为，这种臭味和氯以及溴属于同类气味。4年后，他又发现白磷在空气中发光氧化时也产生这种臭味，更发现它能将碘化钾中的碘释放出来，并能将2价亚铁盐氧化成3价铁盐。他认为氮气是这种气体和氢气的化合物。

于是，舍恩拜因继续投入研究这种气体之中。1854年，终于有了重大发现，他在论文中指出：氧气除了普通的氧气外，还有一种"ozonized"氧气，希腊文意为"臭味"。

同一时期，还有一些人发现过它。1845年，瑞士化学家马里纳和德拉里夫，各自加热氯酸钾获得氧气后，经干燥，在其中放电而获得臭氧。他们认为它是一种化学性质特别活泼的氧气。直到1865年，瑞士化学家索雷特才找到它的分子式O_3，并在两年后由另一位化学家确认，它是氧气的一种同素异形体。

臭氧层空洞是大气污染造成的严重后果，如果臭氧层这个屏障被破坏，阳光中的有害紫外线就会直达地面，给人类和其他生物带来危害。

目前，世界上还为此专门设立国际保护臭氧层日。但是，臭氧不是越多越好，如果大气中的臭氧，尤其是地面附近的大气中的臭氧聚集过多，对人类来说臭氧浓度过高反而是个祸害。因此，臭氧对人类来说既有益也有害。

人类历史上的伟大发现

同位素

丰富化学元素的概念

在化学元素周期表中，多数的"位置"同时都有几位"主人"共同占据着，这就是处于同一位置的"同位素"。同位素的发现丰富了化学元素的概念，而且还将科学家的目光引导到寻找基本粒子规律性的主题上面，为日后化学学科开辟广阔的新领域作出了重大的贡献。

早在19世纪初，化学家发现一个事实，根据化学反应求得的原子量，大体上是氢原子量的整数倍，但是少数元素的原子除外，如镁和氯。为了解释这种事实，1815年，英国年轻化学家普劳特提出一个看法，氢是母体，其他元素原子的原子量都是氢的整数倍。至于有的元素的原子量总是小数，这是实验误差造成的。

到了19世纪80年代，英国著名化学家克鲁克斯做了多次实验，他认为出现小数的原子量绝非实验误差所致。他大胆地假设：同一元素原子可以有不同的原子量，这种原子量不同的原子，化学性质极其相似，相互混杂，因此化学家测定元素的原子量是各不同量原子的原子量平均值。克鲁克斯的看法是很接近事实的，可惜当时他无法用实验来说明，因而不能取得化学界的共识。

克鲁克斯的假设引起了英国物理学家阿斯顿的兴趣，他用实验来研究这个问题。为了能够精确测定原子量，他制造了一个由离子源、分析器和收

英国著名化学家克鲁克斯

集器三部分组成的仪器——质谱仪。他用质谱仪测定氯的原子量总值是35.457。在质谱仪照片中，氯留下一大一小两个黑斑。根据它的位置偏离程度，很容易算出氯的原子量有35和37两种，它们的比约为4∶1，由此得到原子量平均值正是35.457。后来，他还用它测定了其他元素的同位素，他测定出氖元素有3种原子，并因此求得氖的原子量为20.18。

克鲁克斯的实验

阿斯顿的实验具有划时代的意义，但由于他毕竟不是一个化学家，没有去进行更进一步的研究。

20世纪初，美国化学家伍德沃德发现有2种半衰期不同的钍元素。1910年，索迪首先提出同位素概念：在元素周期表里的位置相同而原子量不同的原子互称同位素。现在的说法是质子数相同、中子数不同的同一元素的不同原子互称同位素。例如，钍有232和228，氯有35和37等。索迪预言一种元素有2种或2种以上的同位素，这应是普遍现象。

索迪的预言已为现代化学发展所证实。目前化学家发现，绝大多数元素有同位素，迄今已发现489种天然同位素，其中稳定的有264种，天然放射性同位素有225种，如加上人工方法制造的已超过2000种。

至此，有关确认同位素存在的工作告了一个段落，索迪和阿斯顿2人在同位素领域中所作的卓越贡献历史会予以铭记，诺贝尔化学奖就是最好的见证。

同位素的发现，使人们对原子结构的认识更深一步。这不仅使元素概念有了新的含义，而且使相对原子质量的基准也发生了重大的变革，再一次证明了决定元素化学性质的是质子数（核电荷数），而不是原子质量数。于是化学家取得共识：根据原子核内电荷多少给原子分类，把核电荷数相同的一类原子称为元素。

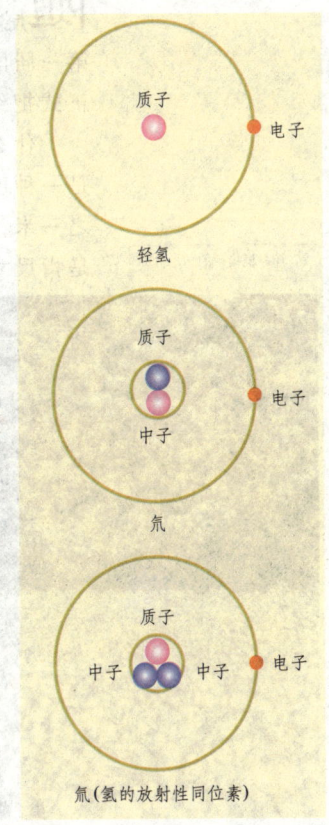

氚（氢的放射性同位素）

纳米科技
21 世纪三大技术之一

纳米技术是诞生于 20 世纪末期的一门新兴的学科。尽管纳米科技问世的时间不长,但它带来的冲击却是明显的。越来越多的科学家相信,这项新兴科学技术将带来新一轮的技术革命,人们将凭借它进入一个奇妙的崭新世界。

随着人类对物质微观世界认识的不断进步,在 20 世纪进入尾声的时候,一门新兴的学科——纳米科技——诞生了。第一届国际纳米科学技术学术会议于 1990 年 7 月在美国召开,正式把纳米材料作为材料科学的一个新分支。

什么是纳米技术?"纳米"是英文 nanometer 的译名,它是一种度量单位,1 纳米为百万分之一毫微米,也就是十亿分之一米,约相当于 45 个氢原子串起来那么长。纳米结构通常是指尺寸在 100 纳米以下的微小结构。

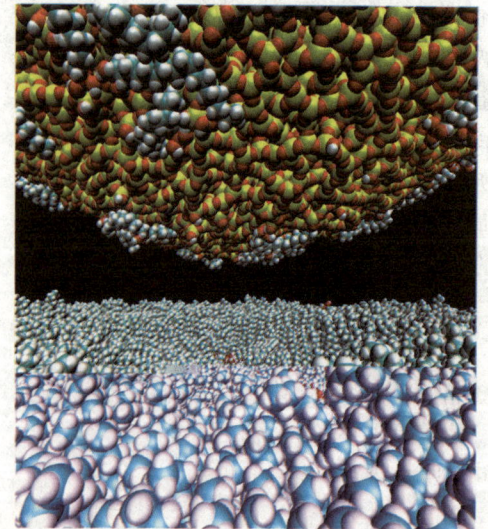

计算机模拟的纳米世界

1981 年,扫描隧道显微镜发明后,便诞生了一门以 0.1～100 纳米长度为研究尺度的新学科,它的最终目标是直接以原子或分子来构造具有特定功能的产品。因此,纳米技术其实就是一种在分子量级研究材料功能系统的工程。虽然纳米技术是尖端科技,但却早已存在于我们身边。举例来说,就是莲花表面的出污泥而不染的特性。莲花表面的细致结构和粗糙度大小都在纳米尺度的范围内,所以不易吸附污泥灰尘。

1984 年,德国著名学者格莱特把 6 纳米的金属粉末压制成纳米块,并详细

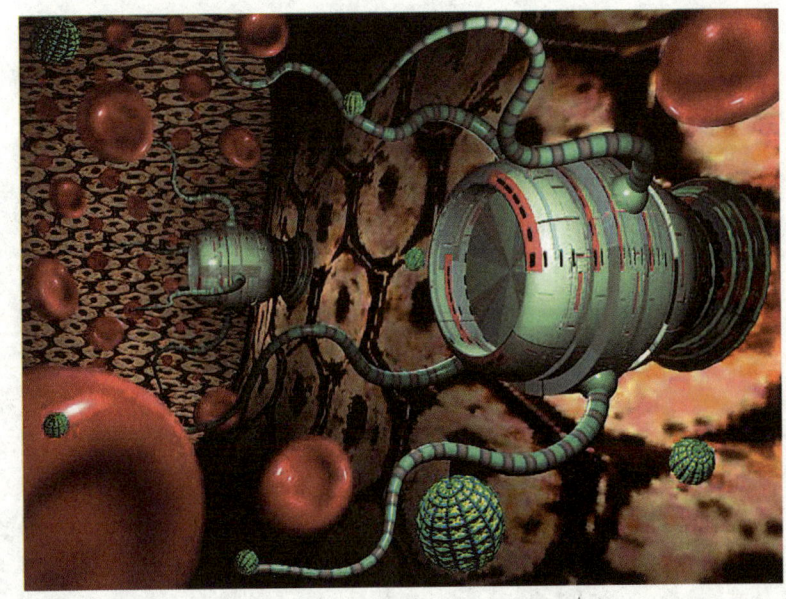

研究了它的内部结构，结果发现它比普通钢铁的强度要高12倍，硬度要高2~3个数量级，根据这一特性，格莱特制出了世界上第一块纳米材料，开纳米材料学之先河，导致了科学家们对物质在纳米量级内物理性能变化和应用的广泛研究。

科学家设想纳米机器人可以更方便地治疗一些疾病。

6年后，第一次纳米科技大会在美国举行，《纳米技术杂志》正式创刊，纳米科学技术由此正式宣告"开宗立派"。

纳米技术可使许多传统产品"旧貌换新颜"，把纳米颗粒或者纳米材料添加到传统材料中，可改进材料性能，或获得新的性能。纳米材料是纳米科技领域比较成熟的组成部分，也是纳米科技的发展基础。所谓纳米材料，是指由纳米颗粒构成的固体材料，其中纳米颗粒的尺寸最大不超过100纳米，在通常情况下不超过10纳米。由纳米颗粒最后制成的材料与普通材料相比，在机械强度、磁、光、声、热等方面都有很大的不同，由此人们可制造出各种性能优良的特殊材料。

按目前的研究状况，纳米科技一般分为纳米材料学、纳米电子学、纳米生物学和纳米制造学、纳米光学等，这其中的每一门学科又都具有跨学科性质，是集研究与应用于一体的边缘学科与综合体系。

尽管纳米科学技术在20世纪仅是刚刚露出尖尖角的小荷，但近年来科技的突飞猛进，正使梦幻一般的纳米时代提前到来，空中楼阁将会变成真实的世界。有科学家乐观地预计，纳米技术在今后二三十年内将从根本上改变人类的处境。

名人名言

从来没有像这样一种涉及广泛的技术有希望如此大、如此快地改变世界。很明显，纳米技术将使人们以更低的成本获得更高的价值和生活质量。

——坎顿

中草药
中国传统的精髓

中药和草药统称为中草药。与中华源远流长的文化一样，中草药的发现和发展也经历了漫长的岁月洗礼。相对于化学药品来说，中草药以其无可比拟的优越性能在医学领域的使用日益广泛，在国际上也日渐受到重视。

中草药的发现和应用，在我国已有几千年的历史，但"中药"一词的出现却是近代的事情。我国长期以来以"本草"作为中药的代名词。尽管中药有植物药、动物药、矿物药等不同的种类，然而其中以植物药最多，所以，自古相沿袭，就把中药称为本草，同时记载中药理论知识的文献书籍，也多以本草命名。近百年来，由于西洋医药学的传入，为了区分两种医药学，才开始有中医、中药之称。

中草药的发现相当早，在古代就有神农尝百草的传说。相传，神农氏是一位勤劳勇敢、聪明善良的人，他见到人们被疾病和伤痛折磨着，心中很是不安，便下定决心去寻找可以治病救命的药物。

神农氏顶着炎炎烈日尝百草。

他顶着烈日、冒着酷暑在山野之间采集各种草木的花、实、根、叶，细心地观察形状，仔细地品尝味道，并体会服食之后的感受。由于不知道一些药物的性能，神农氏经常因误食毒草而使身体受到损害。据《淮南子》记载："神农尝百草之滋味，水泉之甘苦，令民知所避就，一日而遇七十毒。"可见他尝百草的用功之勤和受害之多。但是神农氏依然抱着为民除病的信念，没有一刻耽搁采摘、服食、品尝和记录。

终于有一天，他掌握了几百种草药的性味和功用，写成了《神农本草经》，为天下的百姓解除病痛。为了纪念神农氏尝百草造福人间的功绩，旧时的药铺里，常挂着一幅他的画像。

神农氏尝百草的传说向我们昭示了中草药发现的艰辛历程。事实上，中草药的发现过程是建立在人类长期的实践基础上的。早在原始时代，我们的祖先得以接触并了解某些植物或动物对人体可能产生的影响。

在原始时代，我们的祖先在生活与生产过程中，由于采食植物和狩猎，得以接触并逐渐了解这些植物和动物及其对人体的影响，不可避免地会引起某种药效反应或中毒现象，甚至造成死亡，因而使人们懂得在觅食时有所辨别和选择。为了同疾病作斗争，上述经验启示人们对某些自然物的药效和毒性予以注意。古人经过无数次有意识的试验、观察，逐渐从口耳相传到结绳契刻，最后到文字记载，这样逐渐形成最初的中药知识。

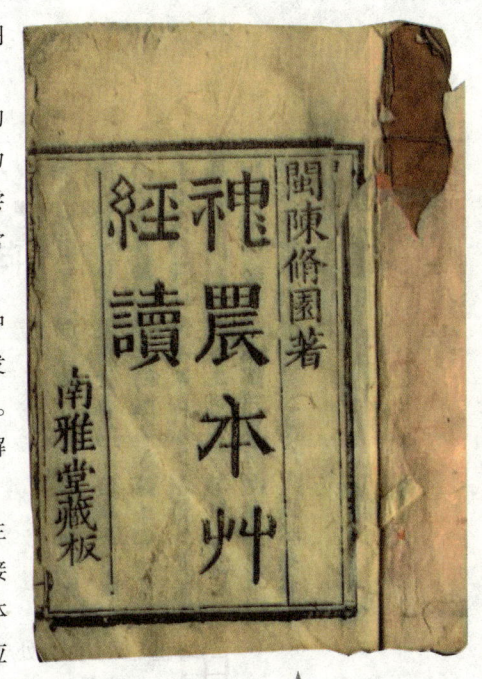

《神农本草经》

《神农本草经》就是以"本草经"命名的一部药物学专著。事实上，这部书成于东汉，并非出自一时一人之手，而是秦汉时期众多医学家总结、搜集、整理出来的。由于汉代托古之风盛行，人们尊古薄今，为了提高该书的地位，增强人们的信任感，因此书中借用神农遍尝百草发现药物这妇孺皆知的传说，将神农冠于书名之首，定名为《神农本草经》（简称《本经》）。书中共记载药物365种，系统地总结了汉以前的药学成就，对后世本草学的发展具有深远的影响，唐、宋时期，朝廷曾组织专人整理修订本书。

到了明代，医学有了长足的发展，著名的医药学家李时珍的《本草纲目》集我国16世纪以前药学成就之大成，17世纪末传播海外，先后有多种文字的译本，对世界自然科学也有举世公认的卓越贡献。

如今，随着现代自然科学技术和国家经济的发展，中草药的应用取得了前所未有的成就。

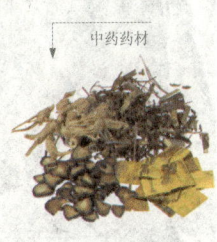

中药药材

解剖学
向人类生育史发起的成功挑战

解剖学是一门较古老的科学,早在史前时期,人们通过长期的实践,即已对动物和人体的外形与内部构造有一定的认识。如今,解剖学已经成为一门重要的医学主干课程,恩格斯曾说:"没有解剖学,也就没有医学。"解剖学在医学中的至高地位,由此可见一斑。

中世纪的欧洲处于宗教统治的黑暗时代,解剖人体在当时是被当做违法的行为加以禁止,因此,解剖学和医学以及其他科学一样,都受到了限制而未能得到发展。

在16世纪以前,盖仑所著的《医经》是西欧医学的权威巨著,它也是西方最早的、较完整的解剖学论著。盖仑的许多有关人体的概念是建立在动物解剖基础上的,由于宗教的干预、禁锢,自盖仑之后几乎没人再研究动物的内部结构,医生们都只是接受盖仑所观察的结果。这一现状一直持续到16世纪,人们开始怀疑盖仑有关人体的概念。

安德烈·维萨里是帕多瓦大学的解剖学和外科学教授。在儿童时代,他就解剖过死的小鼠和小鸟,想看看它们的内部究竟有些什么。后来,他在帕多瓦大学解剖过人体。维萨里在实践中掌握和积累了一定的解剖学知识和经验,他指出盖仑解剖学中的错误,并决心改变这种现象,纠正盖仑解剖学中的错误观点。

1543年,维萨里出版了《人体结构》一书,全书共7册,书中系统完善地记述了人体各器官系统的形态构造,说明了神经是怎样

维萨里与哥白尼齐名,均是科学革命中的代表人物,他所建立的解剖学为血液循环的发现开辟了道路。

和肌肉相连，骨头又如何接受营养以及大脑的复杂结构。维萨里冲破了以盖仑为代表的旧权威们臆测的解剖学理论，以大量、丰富的解剖实践资料对人体的结构进行了精确的描述。这部著作的出版，澄清了盖仑学派的种种错误，使解剖学步入了正轨。

很快，所有以前的有关书籍都成为过时的东西了。到了16世纪末，维萨里有关解剖学的观点渐渐地被其他医生所接受，医学新发展的道路由此渐渐开辟出来。

继维萨里以后，17世纪哈维利用动物实验证明了血液循环的原理，首先提出了心脏血管是一套封闭的管道系统。他为生理学发展成一门独立的学科拉开了序幕，使生理学从解剖学中划分出去。列文虎克发明了显微镜；意大利解剖学家马尔比基观察了动植物的细胞，从而创建了组织学。

19世纪，德国植物学家施莱登和施旺创立了细胞学，推动了组织学和细胞学的发展。意大利神经解剖学家高尔基对神经系组织构造的仔细研究奠定了现代神经解剖学的基础；西班牙神经解剖学家卡哈尔的研究，更把神经解剖学的研究引向深入。19世纪以来，结合临床医学的发展，人体解剖学的研究也达到了全盛时期。

进入20世纪，医学的发展又促进了解剖学研究的深入，随着胸外科、肝外科等各种内脏外科手术的开展，又对器官内血管和管道等的形态提出了新的要求；CT和超声断层图的应用，也对断面解剖学提出了新的要求；随着血管缝合手术的提高，显微外科的开展，使显微外科解剖学最终得以建立。

盖仑是古罗马时期著名的医生和解剖学家，被认为是仅次于希波克拉底的第二个医学权威。由于他解剖研究的对象主要是动物，所以对解剖学、生理学产生了一些错误的影响。

解剖学家、生理学家在和以天主教、新教为代表的教会势力进行了一场激烈而又残酷的斗争之后，终于被获准进行人体解剖。这样一来，人们从此就可以正确地认识自身的各种器官及其特性。

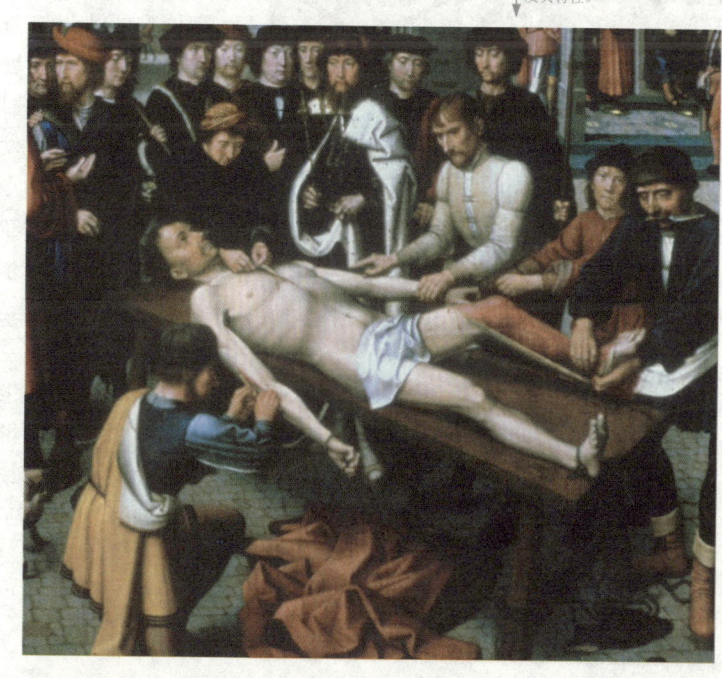

血液循环

机体重要的机能

血液循环是机体最重要的机能之一，对它的正确认识有助于进一步了解人体的其他机能。这一重大规律的发现在自然科学，特别是实验科学历史上意义非凡，伟大的无产阶级革命导师恩格斯这样评价说："哈维由于发现了血液循环而把生理学确立为科学。"

血液循环是指血液在全身心血管系统内周而复始地循环流动，血液只有在全身循环流动才能发挥它多方面的机能。血液循环的规律，是随着医学的发展，经历了漫长的岁月，经过许多科学家的努力，最终才被完全揭示。

2~16世纪间，欧洲医学界对心脏与血管联系的认识一直尊崇的是古罗马医生盖仑创立的血液运动理论。

16世纪，比利时解剖学家维萨里在自己的解剖实验中发现盖仑关于左心室与右心室相通的观点是错误的。维萨里因大胆挑战医学圣经而惨遭教会迫害。

西班牙医生塞尔维特经过实验研究发现血液从右心室经肺动脉进入肺，再由肺静脉返回左心室，这一发现称为肺循环。塞尔维特已接近发现血液循环，但还没等他把研究继续下去，他就因触犯当时被教会奉为权威的盖仑学说而被教会判处火刑，被活活烧死。所幸的是，塞尔维特关于血液循环的观点却被英国医学家哈维继承和发展了。

哈维从事解剖学研究多年，他曾对

哈维

四十余种动物进行了活体心脏解剖、结扎、灌注等实验，同时还做了大量的人体尸体解剖。他积累了很多观察和实验记录的材料，并开始怀疑盖仑的血液运动理论。

在深入研究了心脏的结构和功能后，哈维发现心脏左右两边各分为2个腔，上下腔之间有一个瓣膜相隔，它只允许上腔的血液流到下腔，而不允许倒流。哈维接着研究静脉与动脉的区别，他发现动脉壁较厚，有收缩和扩张功能；而静脉壁较薄，里面的瓣膜使血液只能单向流向心脏。结合心脏结构，这意味着生物体内的血液是单向流动的。

哈维向查理一世展示自己对心脏和血液循环的正确认识。

为了证实这一点，哈维做了一个活体结扎实验。当他用绷带扎紧人手臂上的静脉时，心脏变得又空又小；而当扎紧手臂上的动脉时，心脏明显胀大。这表明静脉里的血确实是心脏血液的来源，而动脉则是心脏向外供血的通道。体内血液的单向流动实验，证明了盖仑学说的静脉系统双向潮汐运动的观点是错误的。

哈维用实验证明血液循环：

血液循环的主要功能是完成体内的物质运输。血液循环一旦停止，机体各器官组织将因失去正常的物质转运而发生新陈代谢的障碍。同时体内一些重要器官的结构和功能将受到损害。临床上的体外循环方法就是在进行心脏外科手术时，保持病人周身血液不停地流动。

哈维的另一个定量实验更否定了盖仑的理论。他进行心脏解剖时，以每分钟心脏搏动72次计算，每小时由左心室注入主动脉的血液流量相当于普通人体重的4倍。这么大量的血不可能马上由摄入体内的食物供给，肝脏在这么短的时间内也不可能造出这么多血液来。唯一的解释就是体内血液是循环流动的。

1628年，哈维发表了《动物心血运动的解剖研究》，在书中系统地总结了他所发现的血液循环运动的规律及其实验依据，他认为静脉血液流到右心室，然后进入肺里，在肺里变成鲜红的血液后流回左心室，从左心室进入动脉血管流遍全身，再流到静脉后回到右心室，完成一个循环过程。

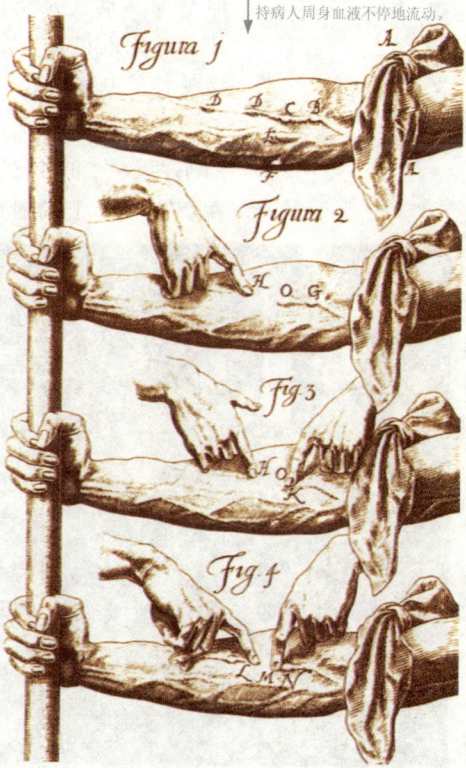

微生物
另一个生命"小王国"

微生物在地球上存在了30多亿年，人类自诞生起就一直在和微生物发生着千丝万缕的联系，只是人类自己并不知道一直在和微生物生死共处。荷兰生物学家列文虎克首先向我们展示了这个神奇的"小人国"的奥秘。

一个偶然的机会，列文虎克得到一个兼做德尔福特市政府看门员的差事，这是一个很清闲的工作，空闲时间很多。但是列文虎克是个闲不住的人，他小时候曾跟人学过磨制镜片，对此也很着迷。所以，在空闲时间里，他就磨制镜片，寒来暑往，从不间断。

有一次，列文虎克透过两片透镜看东西，发现能把很小的东西放大许多倍。这一下子引起了他的兴趣，从此，他花在磨制镜片上的时间更多了。渐渐地，列文虎克磨制的镜片放大倍数越来越高。为了用起来方便，他用两个金属片夹住透镜，再在透镜前面安上一根带尖的金属棒，把要观察的东西放在尖上观察，并且用一个螺旋钮调节焦距，这样就制成了一

列文虎克经常把他磨制的镜片对着光来进行检测。

架简单的显微镜。

连续好多年，列文虎克先后制作了400多架显微镜，最高的放大倍数达到200~300倍。这些显微镜扩大了他观察细小东西的视野，列文虎克用它们观察过雨水、血液、酒、黄油、头发、精液、肌肉和牙垢等许多物质。他惊异地发现这些物质里头有许多奇形怪状的"小人国"居民，这就是后来所说的微生物。

为了让更多的人了解他的发现，1673年，列文虎克将自己从显微镜观察到的微生物世界记录下来，用信件的形式陆续寄给了当时的英国皇家学会。在写给英国皇家学会的200多封附有图画的信里面，他详细地描述了自己亲眼所观察到的球形、杆状和螺旋形的细菌、原生动物。这些观察结果表明他看到并记录了一类从前没有人看到过的微小生命。列文虎克寄给英国皇家学会的观察结果，得到英国皇家学会的充分肯定，他因此成为第一个发现微生物的科学家。

然而，初始阶段，人们对微生物的认识还仅仅停留在对它们的形态描述上，并不知道这些微小生命的生理活动对人类健康与生产实践有什么重要关系。直到两个世纪以后，人们在用效率更高的显微镜重新观察列文虎克描述的形形色色的"小动物"时，他们才真正认识到发现微生物的重要性。

这种"不可见"的微生物，最终使法国科学家巴斯德提出了疾病的微生物理论，这一理论又使医生攻克了多种疾病：伤寒、小儿麻痹症及白喉等。之后，人类对传染病、心脏病、癌症等死亡主要原因的认识发生了变化。

微生物的发现，在很多学术领域中引起了极大的轰动，对农业、医药工业、酿造工业、食品工业、化学工业、石油工业等方面的研究，都有着重要意义和作用。

海洋微生物是以海洋水体为正常栖居环境的一切微生物，它是一个特别有前途的生物源。由于海洋微生物富变异性，故能参与降解各种海洋污染物或毒物，有助于海水的自净化和保持海洋生态系统的稳定。

显微镜的发明使我们有机会更近的观察"小人国"的居民们——微生物。

名人名言

要使一项事业成功，必须花掉毕生的时间。
——列文虎克

人类历史上的伟大发现

天花疫苗
医学史上的伟大发现

数千年来，被称为"死神帮凶"的天花给人类带来了巨大的灾难，它曾经在世界各地传染。18世纪，由于天花的传播蔓延，仅欧洲就病死了1.5亿多人。直到1796年，英国的乡村医生琴纳发明了牛痘免疫法，天花这一恶魔才真正寿终正寝。

天花是继瘟疫之后世界上传播最广、最为可怕的疾病。我国古代把天花称为"痘"，早在1000多年前，我们的祖先就掌握了对付天花的土办法——人痘接种。这种方法是用天花病人身上的干痂研成的、含有天花病毒的粉末吹入人体，使之染上轻度天花，这样，人体就对天花产生了免疫力，一般都不会再得这种疾病。然而，种痘的方法并不安全，轻的会留下大块疤痕，重的会导致死亡。

18世纪，英国有一位责任心很强的乡间医生——琴纳，他发誓一定要寻找一种更安全有效的办法根治可怕的天花。

一次，他在养牛场发现了一个奇怪的现象：挤奶姑娘竟没有一个死于天花或变成麻脸。聪明的琴纳一下联想到中国的种痘法：种过痘的人就不会再得天花。由此推论，挤奶姑娘也许是得了牛天花，而对天花有了免疫力。

这个发现和大胆的推测使琴纳非常兴奋。为了弄清原因，他每天就在牛棚内观察，他发现，挤奶姑娘确实会染上牛天花。就是得了牛天花，只是出现手指间长水疱、低烧、局部淋巴腺肿大等症

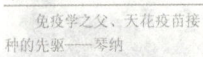
免疫学之父、天花疫苗接种的先驱——琴纳

状，过不了多久就会痊愈。

在长期的观察之后，琴纳初步断定：人得了牛天花之后，就不会染上天花。从1788年到1796年的8年间，琴纳连续进行观察和实验，对人得牛天花后的症状等做了深入研究，并最终得出结论：种牛痘可以预防天花。

1796年5月21日，琴纳第一次在人身上种牛痘。接种的是自己8岁的儿子约翰·菲普斯。琴纳找到了一个刚感染了牛天花的女孩，从她身上取了一些痘疮的疱浆种在菲普斯的左臂上。前3天，菲普斯感到身体有些不舒服，可后来很快就恢复了正常，只是种牛痘的地方留下一个淡淡的疤痕。

此后，菲普斯没有出现任何病症，说明种牛痘的方法是有效的，也是完全可行的。1797年，琴纳在成功接种牛痘1000多例的基础上，将自己的成果写成论文送到皇家学会。可当时的医学界权威对此抱怀疑态度，甚至连著名哲学家康德也提出不同看法，他担心种牛痘的人会出现牛的粗野特性。然而，科学是不可战胜的。此后，种牛痘法在世界各地传开，天花恶魔终于被人类征服了。

牛痘接种的成功，为免疫学开创了广阔的领域，20世纪70年代，世界卫生组织别出心裁地设立1000美元的悬赏，称此后首先鉴定出一例天花患者的人，就可以获得这笔奖金。可喜的是，这笔奖金至今无人问津，说明天花确确实实已经在人间销声匿迹了。

18世纪20年代，中国的人痘接种技术开始在英国推行开来。到60年代以后，接种人痘在英国以及整个欧洲变得日益普遍。独立战争时期，鉴于军队反复流行天花，华盛顿政府于1777年2月发布命令，要求所有部队实施人痘接种。这是琴纳发明牛痘接种术前20年的事。

琴纳是18世纪的英国乡村医生。图为琴纳在给妇女儿童接种天花疫苗。

生物电
医学史上的伟大创举

今天，生物电已在科学上广为应用。我们最熟悉的是，医生常通过测心电图来判别心脏病，用脑电图来准确地诊断脑疾病。此外，生物电的发现也为人类揭开神经传导的奥秘作出了积极的贡献。

生理学家研究神经肌肉标本的动作电位已有了100多年的历史，而对生物电的研究可追溯到更早的时期。约公元前300年，亚里士多德观察到电鳐在捕食时先对水中动物施加震击，使之麻痹。

1678年，荷兰生物学家斯威莫尔登用蛙的肌肉做实验。他把肌肉放在玻璃管内，用一根银丝和一个铜棒去触及肌肉，发现可以引起肌肉的收缩活动。

不过，这个现象并没有引起人们的注意。直到18世纪，电学的基本规律被发现后，人们才逐步认识到动物放电的性质。

1758年的一天，英国大科学家卡文迪许偶然间在书中看到2000多年前风行一时的用大黑鱼治病的方法。书上说，大黑鱼触到病人的腿时，病人会有发麻的感觉。对这一奇怪的现象，卡文迪许产生了浓厚的兴趣，他心里很快闪过一个念头：难道这大黑鱼身上带有电？

卡文迪许立即设法弄到了这种大黑鱼，把它埋在潮湿的沙滩里。然后，他在这条鱼上面接

伽伐尼（1737～1798），意大利科学家。从小接受正规教育，1756年进入波洛尼亚大学学习医学和哲学。1759年从医，开展解剖学研究。1791年他把自己长期从事蛙腿痉挛的研究成果发表，这个新奇发现，让科学界大为震惊。伽伐尼的工作开创了电生理学的新时代，为现代生物电化学奠定了基础。

伽伐尼在进行实验。

上一个莱顿瓶，果然，莱顿瓶冒出了火花！就这样，卡文迪许第一个用科学的方法证明了生物电的存在。

无巧不成书。1771年，意大利科学家伽伐尼重复了斯威莫尔登的实验。他用蛙的坐骨神经——腓肠肌标本——来研究神经肌肉放电现象。他把

蛙放在桌子上，在蛙的附近放了一台静电发生器和一个莱顿瓶。当他的助手用解剖镊子碰一下蛙的坐骨神经后，奇迹发生了，蛙的肢体产生了一次迅速的收缩，一瞬间那台机器的导线上也出现了火花。

伽伐尼在实验室解剖青蛙，用镊子碰到剥了皮的蛙腿上外露的神经时，蛙腿剧烈地痉挛，同时出现电火花。

由此，伽伐尼推断：青蛙的肌肉和神经上一定蕴藏有电能，这种收缩是由于从肌肉内部流出来并沿着神经到达肌肉表面的电流刺激引起的，他把这种电称之为"动物电"。伽伐尼第一次将电现象与生命活动联系起来，他在论文中宣称，动物的组织可以产生动物电，但他认为电火花现象是一个毫不相干的事件。

名人名言

世界上几乎没有一件事物的发生、变化不伴随着电现象的产生。

——马克思

1791年，伽伐尼在《论在肌肉运动中的电力》这篇著名的学术论文中叙述了自己的发现和观点。但是，意大利物理学家伏打对此提出异议，他认为使蛙肌肉收缩的实际上是一种"双金属电流"，纯属物理现象。而伽伐尼则坚持认为生物体内有电现象存在，这就是有名的伽伐尼与伏打的争论。

这一争论的结果导致伏打发明了世界上第一个直流电池，即伏打电池；而伽伐尼改做"无金属接触收缩"实验，证明了肌肉中电现象的存在，但18世纪末和19世纪初的仪器是无法测量这种电流的。伽伐尼逝世后，他的后继者们用电流计测出肌肉电流，从而出色地证明了生物电的存在，由此，电生理学才迅速地发展起来。

伽伐尼的实验装置

麻醉剂
偶然的发现

17世纪之前，需要进行手术的病人靠用烈酒、鸦片或曼德拉草根来减轻疼痛。17世纪后，手术是在病人处于抑制状态下进行的，因此，病人常常因疼痛而大声尖叫。自从麻醉剂偶然被发现后，病人就无须再恐惧手术了。

华佗（约145～208），东汉末医学家，字元化，今安徽亳州市谯城区人。华佗医术精湛，他首创用全身麻醉法施行外科手术，被后世尊之为"外科鼻祖"。

麻醉剂是中国古代医学成就之一。早在距今2000年之前，中国医学中已经有麻醉药和醒药的实际应用了。

东汉时期，我国著名医学家华佗发明了"麻沸散"作为外科手术时的麻醉剂。他曾经成功地做过腹腔肿瘤切除术，肠、骨部分切除吻合术等。中药麻醉剂"麻沸散"问世，对外科学发展起了极大的推动作用，对后世产生了很大的影响。

华佗发明和使用麻醉剂，比西方医学家使用乙醚、"笑气"等麻醉剂进行手术要早1600年左右。因此说，华佗不仅是中国第一个，也是世界上第一个麻醉剂的研制和使用者。

近代最早发明麻醉剂的人是19世纪初期的英国化学家戴维。1798年，英国物理学家托马斯·贝多斯创建了一所气体研究所，目的是研究各种气体对人体产生的生理作用，希望能由此找到一些具有医疗作用的气体，同时还要搞清楚哪些气体对人体是有害的。

戴维正式到气体研究所上班后，接受的第一项任务就是配制一氧化二氮气体。戴维不负众望，很快就制出这种气体。当时，有人说这种气体对人有害，而有的人又说无害，各持己见，莫衷一是。制得的大量气体，只好装在玻璃瓶中留着备用。

1799年4月的一天，贝多斯来到戴维的实验室了解他的实

英国化学家戴维

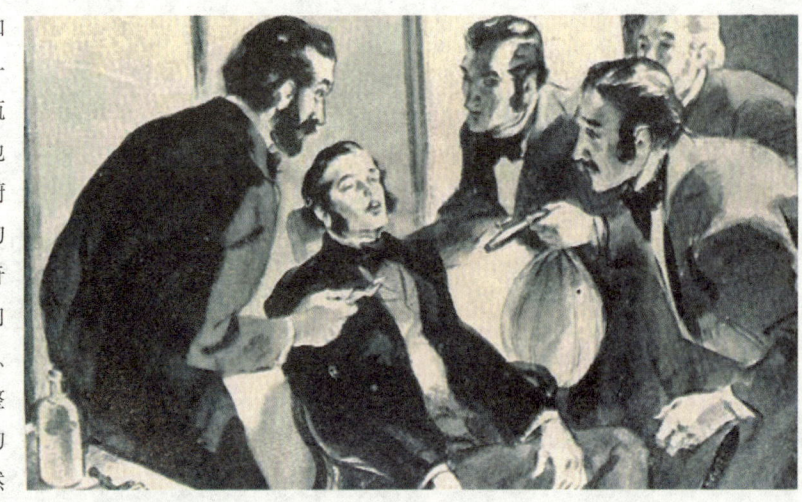

验情况，谁知不小心将装一氧化二氮的瓶子打翻到了地上，他连忙俯身去拾打碎的玻璃器皿，奇怪的是，一向沉着、孤僻、严肃得几乎整天板着面孔的贝多斯，突然放声大笑起来，他还连连对戴维说自己被玻璃划破的手指一点都不疼，戴维随之也大笑起来。一阵狂笑之后，两人才逐渐清醒，贝多斯的手指逐渐感到疼痛。看来，一氧化二氮不仅使他俩狂笑，而且使贝多斯麻醉不知手痛。

事隔不久，戴维患了牙病，他便请来牙科医生德恩梯斯·舍派特，医生决定把他的坏牙拔掉。这时，戴维猛然想起前不久发生在实验室的事。于是，他赶忙拿过装有一氧化二氮的瓶子连吸几口，结果，他又哈哈大笑起来，同时也感觉不到牙痛了。

经过进一步研究，戴维证实一氧化二氮不仅能使人狂笑，而且还有一定的麻醉作用。戴维就为这种气体取了个形象的名字——"笑气"，这就是近代最早的麻醉剂。

1880年，戴维将关于"笑气"的研究成果写进《化学和哲学研究》一书，书中对一氧化二氮的麻醉作用进行了全面的评价，认为它是有历史记录以来最好的麻醉剂。这一发现一经公布，立即轰动了整个欧洲，外科医生们纷纷用"笑气"作麻醉药，减轻了病人的痛苦，使本来满是刺耳的喊叫声的手术室，弥漫着一片笑声。

然而，由于会使患者狂笑，而且使用时麻醉师也会受到不同程度的影响，所以"笑气"在麻醉史上仅仅是昙花一现。不过，即使是现在，当患者由于某种原因不能使用其他麻醉剂时，"笑气"仍然可被派上用场。

在没有麻醉剂的时候，拔牙是最痛苦的事情。笑气被发现后，英国牙科医生韦尔斯吸入足够的笑气以后，请助手拔掉了自己的一颗牙，果然没有觉得疼痛。此后，韦尔斯用笑气作为麻醉剂，成功地为不少患者做了手术。

名人名言

感谢上帝没有把我造成一个灵巧的工匠。我的那些最重要的发现都是受到失败的启发而获得的。

——戴维

进化论
人类认识生物界的基石

19世纪，达尔文创立进化论。这一学说被许多学者誉为"人类有史以来最重大的科学发现之一"，直至今天，这一科学理论仍在科学领域，尤其是生物界大放异彩。它不仅是今天人类认识生物界的基石、生物学的理论核心，而且还大大推动了现代生物学的进展。

1831年12月27日，一艘英国海军所属的皇家勘探船"贝格尔"号扬帆远航了，其主要任务是测绘南美洲东西两岸和附近岛屿的水文地图，完成环球各地精确的计时测量工作。随行考察的年轻科学家，正是后来成为伟大的进化论奠基人的达尔文。他在这次环球旅行中的主要任务是考察了解各地的地质和动植物资源情况。

身负重任的达尔文异常尽职，每到一处他都认真地收集各种资料，写下科学考察日记。途中遇到的种种困难都未曾使他间断工作。

1835年9月，"贝格尔"号到达加拉帕戈斯群岛。在岛上，达尔文有了很大的收获。他在考察中发现：岛上的动植物种类非常丰富，各种动物的形态、习性也不一样。就是同一种动物，也有差异。这一奇怪的现象引发了达尔文深层次的思考。他渐渐意识到，自然界的事实与神学教义似乎是不可调和的。离开加拉帕戈斯群岛时，生物进化的理论已经在他的心中萌芽。

"贝格尔"号的环球考察历时5年，于

英国生物学家查尔斯·达尔文

1836年10月结束。回国后，达尔文始终被生物为什么会发生变化这个问题困扰着，他决心揭开这个谜。

从此，他搜集动物、植物在家养条件和自然条件下发生变化的一切事实，诸如鸽子、金鱼、猫、狗、牛、鸡等动物及牡丹、菊花等各种观赏花和植物。他还印发了大量的调查表，拜访了许多植物育种家和动物饲养家，听取他们培养良种的经验。经过15个月的系统调查和研究，他整理出了第一部物种变化的笔记，记录下了他对家养和自然条件下动、植物变异的观察和分析。

图为随同"贝格尔"号军舰一同航行的一名画家描绘的船上的生活场景。每天晚上，船员们在船长的带领下学习《圣经》。

1838年，受英国经济学家马尔萨斯《人口论原理》的启发，他将马尔萨斯关于人类社会存在"生存斗争"的理论推及自然界，得出自然界也存在生存斗争的理论。他认为，生物必须和生存环境作斗争，生物之间也为了争夺生存空间、阳光和食物养料而发生斗争。在生存斗争中，能够适应环境的物种就生存下来，不适应环境的物种就被淘汰。他将自己的理论总结为：生物适者生存，不适者被淘汰，这叫自然选择。

1859年11月，达尔文的生物进化巨著《物种起源》正式出版。这本书理论的精髓正是自然选择，生存斗争，适者生存。达尔文用大量篇幅说明生存斗争和自然选择的理论，并从地质学的角度讲述了化石和物种的地理分布，为自己的理论提供有力的证据。

这部著作的问世有着划时代的意义，推翻了神创论和物种不变的理论，标志着进化论的正式确立。

名人名言

乐观是希望的明灯，它指引着你从危险峡谷中步向坦途，使你得到新的生命、新的希望，支持着你的理想永不泯灭。

——达尔文

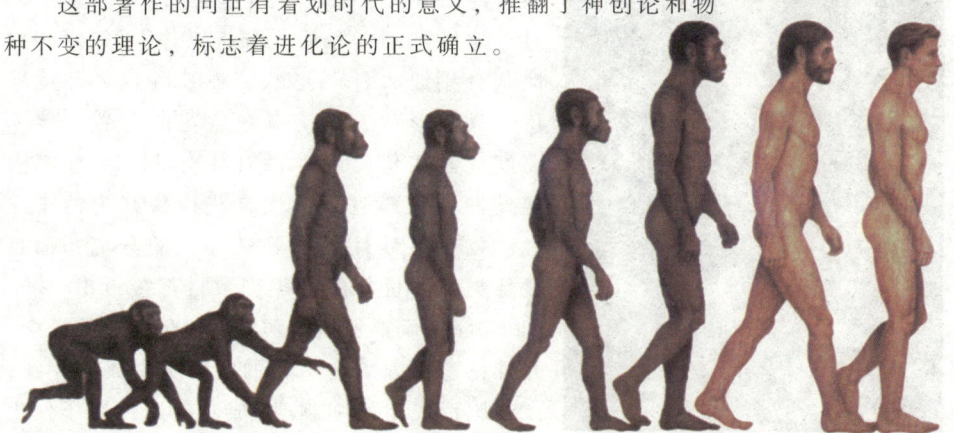

遗传学说
揭开遗传的奥秘

遗传学作为一门独立的学科，对它的精确研究，是从孟德尔开始的。孟德尔选择了正确的实验材料——豌豆，并首次将数学统计方法应用到遗传分析中，成功揭示出遗传的两大定律：分离规律和自由组合规律。

遗传学是生命科学领域中一门新兴的学科，主要是研究遗传物质的结构与功能以及遗传信息的传递与表达。1865年，奥地利科学家孟德尔的遗传定律明确地提出了遗传因子的概念，奠定了遗传学的基础。

欧洲从18世纪以来就大量开展了植物杂交的实验。奥地利的孟德尔对植物杂交和遗传现象很感兴趣，他在仔细阅读了大量前辈生物学家著作的基础上，从1856年开始从事豌豆杂交实验，他希望借此探索生物的遗传规律。

孟德尔用了34个豌豆品种，花了2年时间检验它们的纯种性，从中挑选出22个品种。经过仔细观察，在这22个品种中，他又选出7对具有明显差异性状的品种。然后，针对这7对相对性状，一对对地进行杂交和后代分析工作，这7对相对性状分别是：种子形状、种子颜色、种皮颜色、豆荚形状、豆荚颜色、花的位置、茎的高度。孟德尔发现，每对杂交的子一代都表现显性性状，但子一代自花授粉产生的子二代就发生显性性状与隐性性状的分离，而且显性类型数目与隐性类型数目都接近3∶1。

由此，孟德尔提出颗粒性遗传因子的概念，并推论遗传因子在生物的体细胞中成对存在，体细胞形成生殖细胞时，成对的遗传因子发生

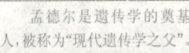

孟德尔是遗传学的奠基人，被称为"现代遗传学之父"。

分离，分别进入不同的生殖细胞中。这就是我们今天所说的遗传分离规律或孟德尔第一定律。杂交子一代产生的生殖细胞随机两两结合的结果，便导致了子二代性状呈 3∶1 的分离。孟德尔所说的遗传因子具有颗粒性与独立性，不同的遗传因子在细胞中并不相互融合，形成生殖细胞时成对的遗传因子会相互分离。这种颗粒性遗传思想，使人们摒弃了以前长期流传的融合式遗传概念，这是孟德尔在科学思想史上的一项重大贡献。

之后，孟德尔进一步研究 2 对相对性状的遗传。他发现，具有 2 对不同相对性状的亲本豌豆杂交所得的子一代，2 对相对性状都只表现显性性状，但在子一代自交所得的子二代中，出现了 4 种不同类型，其中 2 种是 2 个亲本分别具有的性状组合，另外，还出现了不同于亲本的 2 种重新组合。孟德尔由此推论，在体细胞形成生殖细胞时，不同对的遗传因子可以自由组合。这就是我们今天所说的遗传的自由组合规律或孟德尔第二定律。

1865 年 2 月和 3 月，孟德尔 2 次在布隆自然科学协会上报告了他的实验研究结果，反映实验结果的论文《植物杂交的实验》发表在 1866 年《布隆自然科学协会会刊》第 4 卷上。但是他的理论成果在发表之初并未受到人们的重视。直到 1900 年，距离他发表论文的时间已经过了整整 35 年，孟德尔定律才被人们重新认可和接受。从此，孟德尔被公认为科学遗传学的奠基人。

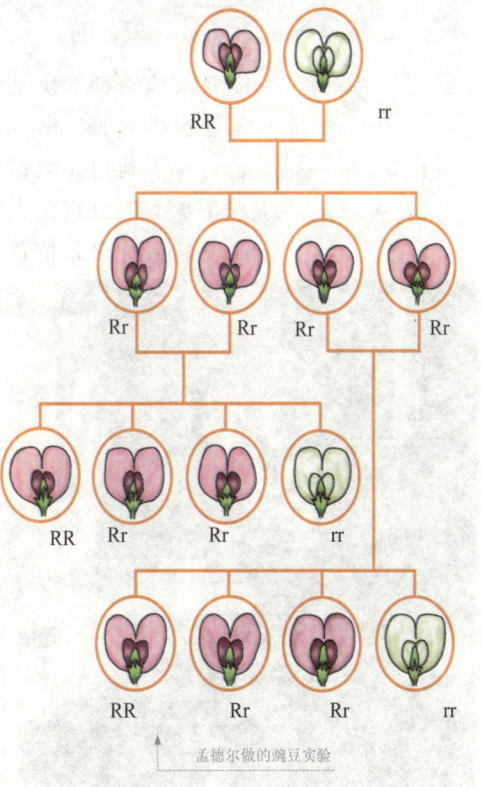

孟德尔的豌豆试验进行了 8 年之久，这是极需要有耐心与严谨工作态度的一项试验。

孟德尔做的豌豆实验

细菌学说
微生物学的分支学科

　　细菌学是微生物学的一个分支学科。它是一门主要研究细菌的形态、生理、生物化学、生态、遗传、进化、分类以及其应用的科学。在19世纪,法国科学家巴斯德开创性的贡献,使得细菌学说逐步地发展和完善起来。

　　巴斯德出生于法国汝拉省的多尔城。1843年,21岁的巴斯德考取了巴黎高等师范学校,主修自然科学。后来,由于他不到30岁便成了有名的化学家,法国里尔城的酒厂老板便要求他帮助解决葡萄酒和啤酒变酸的问题,他们希望巴斯德能在酒中加些化学药品来防止酒精在发酵过程中变酸。

　　善于利用显微镜观察是巴斯德与众不同的地方,这使他在化学上能发现前人没有注意的重要问题。所以在解决葡萄酒变酸问题时,他首先也是用显微镜观察,看看正常的葡萄酒和变酸的葡萄酒中究竟有什么不同。

　　结果他发现,正常的葡萄酒中只能看到一种又圆又大的酵母菌,变酸的酒中则还有另外一种又细又长的细菌。他把这种细菌放到没有变酸的葡萄酒中,葡萄酒就变酸了。

　　据此,巴斯德认为空气中存在许多种细菌,它们的生命活动能引起有机物的发酵,产生各种有用的产物,并且发酵是酵母中的细菌造成的,并不是原先许多人认为的那样是由化学反应造成的。

　　根据自己对发酵作用的研究,巴斯德向酿酒厂的老板们提出建议,只要把

1880年巴斯德成功地研制出鸡霍乱疫苗、狂犬病疫苗等多种疫苗,其理论和免疫法引起了医学实践的重大变革。

酿好的葡萄酒放在接近50℃的温度下加热并密封,葡萄酒便不会变酸。酿酒厂的老板们开始并不相信,于是,巴斯德就亲自在酒厂里做示范。他把几瓶葡萄酒分成2组,一组加热,另一组不加热,放置几个月后。巴斯德当众开瓶品尝,结果加热过的葡萄酒依旧酒味芳醇,而没有加热的却把人的牙都酸软了。

因确认出葡萄酒中的有害微生物,巴斯德一时间在法国名声大振,但他并未就此停下自己探索的脚步。空气中也存在着人和动物的病原菌,能引起各种疾病。1863年,巴斯德发现,牛奶中含有可引起结核和伤寒的微生物,如果牛奶被加热到一定的温度并持续一定时间,其中的微生物就会全被杀死。这个方法被称为"巴氏消毒法",在今天这种方法仍然被用于牛奶的消毒和食物罐装前的处理。

杂志封面上的路易·巴斯德

在发明了巴氏消毒法之后,经过十多年的研究和实验,巴斯德于1877年又提出细菌学理论,有利地驳斥了争论了几个世纪的自发病源学说。同一时期,他还研究出鸡霍乱、炭疽、猪丹毒的菌苗,奠定了免疫学的基础。

虽然巴斯德证明了是细菌引起了疾病,但分离出引起炭疽、结核、霍乱等疾病专属细菌的却是德国医生罗伯特·科赫。最后,巴斯德用科赫的研究方法成功地研制出了炭疽疫苗。巴斯德的研究揭开了细菌学的奥秘,在微生物学的发展史上起到了开创性的作用。

名人名言

科学虽没有国界,但科学家却有自己的祖国。
——巴斯德

人类历史上的伟大发现

结核杆菌
征服结核病的基础

肺结核病，我国古称"痨病"，被视为绝症，一旦染上，几乎没有康复的希望，往往令人谈之色变。在人类同各种疾病作斗争中，罗伯特·科赫是最杰出的科学家之一。1882年，德国细菌学家科赫首先发现了结核杆菌，开始了征服恶魔的征程。

在非洲的埃及，很久很久之前有着一种风俗，他们把死去的统治者——法老——的尸体，用贵重的香料和树胶紧紧封闭起来，然后把它放进金字塔里。由于香料的防腐和树胶的隔绝空气作用，尸体会干化成"木乃伊"而保存下来。就在这些古老的木乃伊骨骼上，医学工作者发现了结核病侵袭的痕迹！

这些事实告诉我们：自古以来结核病就是人类的大敌。在这漫长的岁月里，不知有多少人丧生在结核病的手中。

在19世纪末期的医学界，法国著名的微生物学家巴斯德认为，传染病是由某种微生物引起的，但由于无法通过观察证实，因而巴斯德的说法只能是一种猜测。巴斯德的这种猜测引起科赫极大的兴趣。大学毕业后的罗伯特·科赫在一个小镇上行医，他一心想为医学研究事业作出贡献。

1875年，科赫终于发现了炭疽杆菌，从此，他在世界医学领域名声大振。几年后，德国政府任命科赫为德意志帝国参事官和柏林医院的研究员，并在柏林医院设立了研究室，还给他配备了两位助手。

从1881年开始，科赫开始了探究肺结核病因的实验。每当医院进行结核病人尸解时，他必定到场，带走一些结核病的结节。回到研究室，弄碎这些结

罗伯特·科赫

节，涂在玻璃片上，然后放在高倍显微镜下仔细观察。每次和以前看到的一样，涂片上并没有什么异常的微生物。

科赫想，这些病菌会不会和周围的物质是同样颜色，以至于我们无法发现？

科赫和他的助手决定用染色法试试看。他们动手准备了各种颜色的化学染料，并且制成许多结核结节涂片，对不同颜色的染料进行分组实验。科赫耐心细致地逐片观察，果然在显微镜中发现了颗粒状的亮点，这些亮点有的单个分散着，有的相互排列着。随后，他和助手找来柏林市内所有能找到的各种结核结节——包括人类的和动物的，然后，再用染色法制成的涂片进行观察。

罗伯特·科赫在他的实验室进行实验。

大量观察的结果都显示，这些颗粒状的亮点都是同一种结核菌。科赫为发现了结核杆菌而欣喜异常。他不断地继续研究，16天后，终于用血清培养基获得了对结核杆菌的纯培养。他把这种纯培养接种到动物身上，动物也感染了结核菌病。至此，科赫终于成功地证实了结核杆菌是结核传染病的病因。

1882年3月24日，科赫在德国柏林生理学会上宣读了他发现结核杆菌的有关论文，并将论文发表在《柏林医学周报》上，引起医学界的轰动。在发现结核杆菌后，科赫通过进一步研究又阐明了结核病的传播途径是空气和接触，这项发现使医院能及时制定对结核病人的新防范规则，减少了病菌的扩散。

结核杆菌的发现，为研究药物和治疗方法提供了科学的依据，为人类征服结核病这个恶魔奠定了坚实的基础。

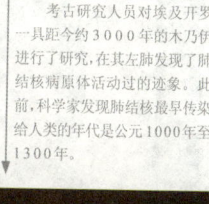

考古研究人员对埃及开罗一具距今约3000年的木乃伊进行了研究，在其左肺发现了肺结核病原体活动过的迹象。此前，科学家发现肺结核最早传染给人类的年代是公元1000年至1300年。

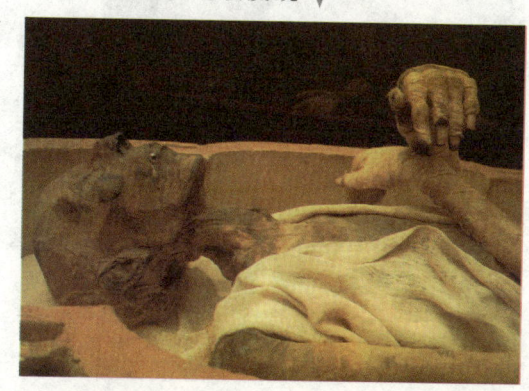

病毒
开创病毒学独立发展的历程

病毒是最简单、最小的生命形式。病毒虽小，但对动物、植物以及人等大生物的影响和危害却是巨大的，即使在科技进步的今天，病毒仍然在威胁着人类。艾滋病、传染病肝炎、小儿麻痹症等，都是由各种不同的病毒引起的。

病毒学是一门比较年轻的学科，从病毒的发现到目前仅有百余年的研究历史。然而，地球上的人类、其他动物和植物遭受病毒病的折磨已有许多世纪。

在家畜的病毒病中，狂犬病可能是最早有记载的，早在1566年就有了关于疯狗咬人致病的记录，并发现它能够将疾病传染给其他许多动物。当时在世界范围内对狂犬病的病原进行了长期的探索，直到1885年人们还不知道狂犬病是由什么引起的。

第一种有据可查的病毒病大概是由天花病毒引起天花。在17到18世纪间，欧洲曾发生过天花大流行。痘苗最初是用天花痘痂制成的，叫做"时苗"。实际上就是用人工方法感染天花，所以危险性比较大。

1717年，英国驻土耳其大使夫人孟塔古在君士坦丁堡看到当地人为孩子们种痘以预防天花，效果很好，由于她的弟弟死于天花，她自己也曾感染，她就给儿子种了人痘。这方法后来传入英国，得到英国国王的赞同。不久，种人痘法就盛行于英国，更由英国传到欧洲各国和印度。18世纪末，琴纳接种牛痘预防天花试验成功。

贝杰林克

在病毒大家庭中，有一种病毒有着特殊的地位，这就是烟草花叶病毒。无论是病毒的发现，还是后来对病毒的深入研究，烟草花叶病毒都是病毒学工作者的主要研究对象，起着与众不同的作用。

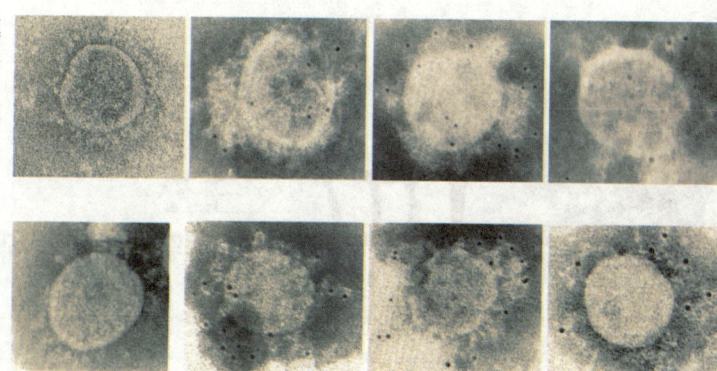

显微镜下的病毒

一百多年以来，烟草花叶病毒在病毒学发展史乃至遗传学、生物化学以及当代基因工程中起到了里程碑的作用。时至今日，它仍然是病毒学工作者的宠儿。

1886年，在荷兰工作的德国人麦尔被烟草的一种病态吸引住了，把患有花叶病的烟草植株的叶片加水研碎，取其汁液注射到健康烟草的叶脉中，能引起花叶病，证明这种病是可以传染的。通过对叶子和土壤的分析，麦尔指出烟草花叶病是由细菌引起的，他将其称为"烟草花叶病毒"。

1892年，从事烟草病工作的年轻的俄国科学家伊万诺夫斯基重复了麦尔的试验，证实了麦尔所看到的现象，但致病的病原不是细菌。伊万诺夫斯基将其解释为是由于细菌产生的毒素而引起。

同一时期，荷兰细菌学家贝杰林克同样证实了麦尔的观察结果，并同伊万诺夫斯基一样，发现烟草花叶病病原能够通过细菌过滤器。但贝杰林克想得更深入，他把烟草花叶病株的汁液置于琼脂凝胶块的表面，发现感染烟草花叶病的物质在凝胶中以适度的速度扩散，而细菌仍滞留于琼脂的表面。

分析了这些实验结果后，贝杰林克指出，引起烟草花叶病的致病因子有几个特点：能通过细菌过滤器，仅能在感染的细胞内繁殖，在体外非生命物质中不能生长。根据这几个特点他提出这种致病因子不是细菌，而是一种新的物质，称为"有感染性的活的流质"，并取名为病毒，拉丁名叫"Virus"。

德国人麦尔

贝杰林克发现了烟草花叶病毒，从而开创了病毒学独立发展的历程。

血型
输血疗法的基础

血液是生命的源泉,人一旦大量失血,就会引起休克,甚至死亡。输血如今已是常用的急救治疗方法,而让输血变得更加安全、有效的应当归功于血型的发现。这一重大发现为人与人之间的输血铺平了安全的道路,在医学发展史上留下了辉煌的一页。

自从17世纪20年代哈维发现血液循环以来,人类就不断进行着输血的尝试。

1665年的一天,英国科学家查理·罗尔看到一条出了意外的小狗,因失血过多而濒临死亡。他尝试着将一条健康狗的血管间接地与那条奄奄一息的小狗的血管连通,过了一会儿,小狗竟神奇地起死回生了。查理·罗尔的大胆尝试,使人们第一次认识到在不同个体间输血是可能的。这个300多年前的实验是后来输血技术发展的萌芽。

1667年,法国的哲学家丹尼斯和外科医生埃默累兹第一次将250毫升羊羔的血输给了人,但是手术却失败了。接着就有人重复他们的实验,但往往也总是出现极其严重的后果,甚至导致死亡,所以输血的尝试慢慢停顿下来。

在丹尼斯医生输血事件沉寂了150年后,1818年,英国的生理学家兼妇产科学家詹姆士·博龙戴尔医生为了预防一位难产的孕妇在生产时突然发生大出血危及性命,果断地作出决定,立即为孕妇输血。他将一名健壮的男子的血输给了那位失血过多的产妇,终

卡尔·兰德斯坦纳

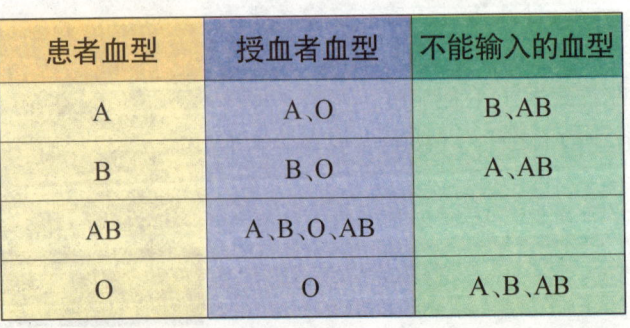

患者血型	授血者血型	不能输入的血型
A	A、O	B、AB
B	B、O	A、AB
AB	A、B、O、AB	
O	O	A、B、AB

于使她得救了。

同年12月22日，詹姆士医生在伦敦医学年会的讲台上作了人与人之间输血成功的第一例报告。但随后的医疗实践中，并非每个受血者都能够获得救治，甚至有的还出现严重的生理反应而加速了死亡。这到底是什么原因在作怪？

奥地利学者兰德斯坦纳在1900年研究了这一问题，他深知这一现象的存在对病人的生命是一个非常危险的威胁，医生的职业敏感促使兰德斯坦纳开始了认真、系统的研究。长期的思索促成了灵感的迸发，有一天，他终于想到：会不会是输入的血液与受血者身体里的血液混合产生病理变化，而导致受血者死亡？

1900年，兰德斯坦纳用22位同事的正常血液交叉混合，发现红细胞和血浆之间发生反应，也就是说某些血浆能促使另一些人的红细胞发生凝集现象，但也有的不发生凝集现象。他对这种现象做出了解释：红细胞上有两种特异的结构，它们可单独存在，也可同时存在。在血清中有这种特异结构的抗体——凝集素，如果它与红细胞上的特异结构相遇，就会产生凝集反应，给人输血时如果遇到这种情况，就会发生危险。

于是，兰德斯坦纳将22人的血液实验结果编写在一个表格中，通过仔细观察这份表格，发现表格中的血型可以分成3种：A型、B型和O型。

1902年，兰德斯坦纳的2名学生把实验范围扩大到155人，发现除了A、B、O 3种血型外还存在着一种较为稀少的类型，后来称为AB型。到1927年经国际会议公认，采用兰德斯坦纳原定的字母命名，即确定血型有A、B、O、AB 4种类型，至此ABO血型系统正式确立。

血型的发现及其完善是很多学者共同智慧的结晶，兰德斯坦纳在这个课题上仅是一个先驱者。

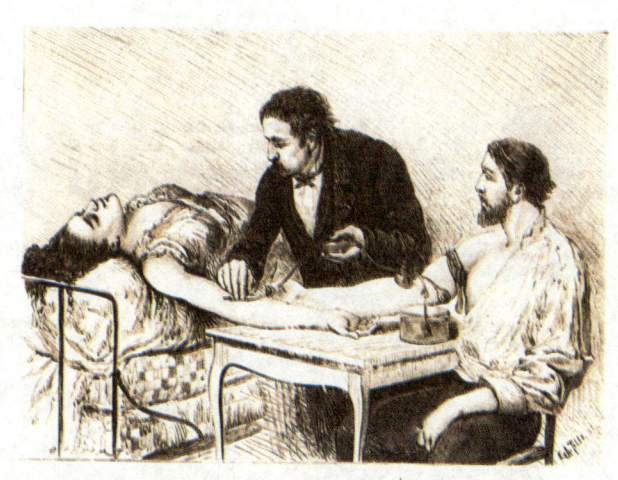

1901年兰德斯坦纳发现了血型，并认识到同样血型的人之间输血不会导致血细胞被摧毁，但不同血型之间输血会导致凝集。这一发现对输血和外科手术非常重要。

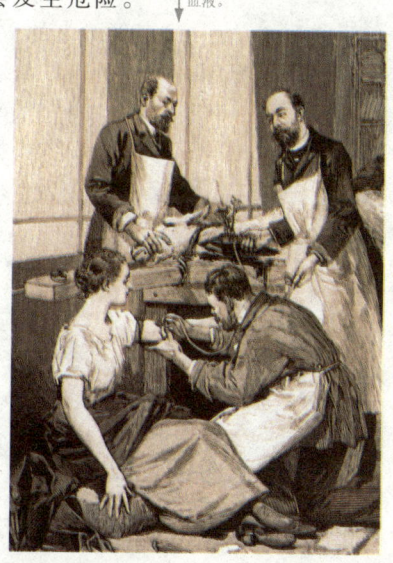

为使输血成功，捐赠者和接收者的血型必须相容，否则接收者血液内的抗体（凝集素）将攻击捐赠者的血细胞，通过凝集反应形成血凝块。A型血的人可以接受基因型为AA、AO和OO人的血液，B型血的人能接受基因型为BB、BO和OO人的血液。

精神分析学说
现代心理学的奠基石

弗洛伊德的精神分析学说已经创立1个多世纪了。在这1个世纪中,其影响渗透到医学和整个社会科学中,对哲学、心理学、伦理学、美学以及文学和艺术的影响尤为强烈。所以西方学者把弗洛伊德"无意识"的发现,比做哥白尼提出日心说和哥伦布发现新大陆。

名人名言

任何人都无法保守他内心的秘密。即使他的嘴巴保持沉默,但他的指尖却喋喋不休,甚至他的每一个毛孔都会背叛他!

——弗洛伊德

弗洛伊德是奥地利一位精神科医生,他的精神分析理论是他从治疗精神病人的实践中总结出来的。1881年,布罗伊尔的一位病人引起了弗洛伊德的浓厚兴趣,他们在后来写的书中称这位病人为安娜。她患有多种癔病的症状,如上下肢瘫痪以及视力、说话和记忆障碍。在催眠状态下,布罗伊尔询问病人每一个症状是在什么时候开始发生的。当她回忆起与每一症状相关的令她烦恼的事件时,这些症状一个个地消失了。

1895年,弗洛伊德和布罗伊尔发表了这种被安娜称为"谈话治疗"的方法。弗洛伊德继续研究出了一种更好的方法,追踪引起情感障碍的神秘的癔病病因。病人从容地坐在椅子上,讲任何他们想要讲的事情。逐渐地病人会讲他们的希望和过去那些使他们烦恼的事情。

弗洛伊德说是那些埋藏在头脑潜意识里的希望或记忆使他们发病,他把这种治疗称为"精神分析法"。1900年,弗洛伊德出版了《梦的释译》一书,标志着精神分析学说的正式创立。

这是迄今为止仍在欧美各国广为流行的一种心理治疗学派和方法。弗洛伊德先提出了无意识理论,即提出人在不知不觉中还存在另外一种心理过程,它和意识一样,主宰着人的正常和异常心理活动。

弗洛伊德

弗洛伊德把人的心理结构分为三个部分,即意识、潜意识和无意识。意识是人对客观现实的自觉反应。潜意识是内容,只要借助于注意,就可以进入到意识之中。但无意识里的内容,要想进入到意识中去,就会受到抗拒,似乎有某种主动力量压制着这种观念。

为了说明这些概念,弗洛伊德曾用一个客厅和他的接待室作比喻:

在接待室里,有无数无意识观念争着要进入客厅,但门口的检查者只允许那些"善良者"进入。一旦走进了客厅,就等于进入了"潜意识",它们就可以得到"自我"的注意。那些被检查者拒之门外的无意识观念,经过乔装打扮,或者在入睡的条件下进入梦境,或者在心理异常的情况下,以异常的力量强制闯入意识之中。

弗洛伊德认为,梦是对清醒时被压抑到潜意识中的欲望的一种委婉表达,梦是通向潜意识的一条秘密通道。通过对梦的分析可以窥见人的内部心理,探究其潜意识中的欲望和冲突。

弗洛伊德终生从事著述和临床治疗。他的思想极为深刻,探讨问题中,往往引述历代文学、历史、医学、哲学、宗教等材料。他思考敏锐、分析精细、推断循回递进、构思步步趋入,揭示出人们心灵的底层,这就是精神分析的内容极其丰富的根源。

弗洛伊德精神分析疗程进行时,患者躺在沙发上,他则坐在患者头部后方椅子上(近照片上方的四脚椅),以不让患者看见自己为原则,进行言谈治疗。

由于弗洛伊德对人类心灵的深刻洞察和精辟阐述,曾被爱因斯坦称为"我们这一代人的导师"。他的理论和对于神经症的治疗技术仍被今天心理治疗广为采用,对人类社会影响很大。

人类历史上的伟大发现

维生素
营养学中的领先作用

维生素别名维他命，是维持人体生命活动必需的一类有机物质，也是保持人体健康的重要活性物质。人体中如果缺少维生素的话，就会患各种疾病。荷兰医生艾克曼最早发现食物中的维生素，在营养学中起到了领先的作用，开辟了研究维生素的新领域。

人类发现维生素经历了一个漫长的过程。在第一种维生素被发现之前，许多特定食物的一些特殊预防疾病的作用就早已被人们发现。这当中最早的当数3000多年前古埃及人，他们发现了一些可以治愈夜盲症的食物，虽然他们并不清楚食物中是什么物质起了医疗作用，但这是人类对维生素最蒙胧的认识。

中国唐代医学家孙思邈也曾经指出，用动物肝脏可以防治夜盲症，用谷皮熬粥可以防治脚气病。实际起作用的因素正是维生素。

1893年，年轻的荷兰军医艾克曼来到了印度尼西亚的爪哇岛。当时，岛上的居民正流行严重的脚气病。艾克曼用了很多办法来医治这种病，都没有取得什么理想的效果。很快他自己也被传染，而且连用来做实验的鸡也未能幸免，实验的鸡群里暴发了神经性皮炎，表现与脚气病极为类似。说来奇怪，

维生素C在柠檬、番茄、苹果等绿色植物及水果中含量很高。

后来，那些患脚气病的鸡竟然不治而愈了。艾克曼专心地研究，直到1907年才终于查明，脚气病起因于白米。鸡吃白米得了脚气病，如果吃米糠等就安然无恙。他自己也开始改吃粗粮，果然，感染的脚气病很快就好了。于是，艾克曼推测白米中含有一种毒素，而米糠中则含有一种解毒的物质。但是荷兰的格林却不这样认为，而是从另一个角度推测：白米中缺少一种关键的成分，而这种成分就在米糠里。后来的事实证明，格林的推测是正确的，白米中缺少的正是维生素。

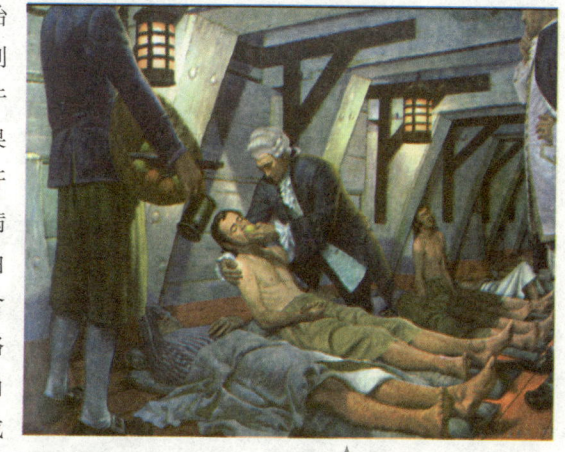

1747年英国海军军医林德总结了前人的经验，发现柠檬可以预防坏血病，他用12名坏血病海员做实验，结果喂食柠檬的几位病人得到了康复。于是他获得了用柑橘治疗坏血病的理论。

1906年，英国生物化学家霍普金斯用纯化后的饲料喂食老鼠，饲料中含有蛋白质、脂类、糖类和矿物质等微量元素，然而老鼠依然不能存活；而向纯化后的饲料中加入哪怕只有微量的牛奶后，老鼠就可以正常生长了。这一实验证明食物中除了蛋白质、糖类、脂类、微量元素和水等营养物质外还存在一种被他称为辅助因子的特殊物质。

1911年，波兰化学家丰克发现糙米中含有能够防治脚气病的药用物质（维生素B_1）是一种胺（一类含氮化合物），他将此种物质从米糠中分解出来后，并证明人体内如果缺少了它，就容易疲倦、食欲不振、浑身酸痛和患脚气病。同年，丰克发表了这一研究成果。他还提议将这种化合物叫做 Vitamine，意为 Vital amine，中文意思就是"生命必需的胺"，由此可见它的重要性。这个名词迅速被普遍应用于所有的这种辅助因子。

艾克曼，荷兰生理学家、近代营养学先驱。

维生素B_1是人类发现的第一种维生素，随着时间的推移，越来越多的维生素种类被人们发现，维生素成了一个大家族。人们把它们排列起来以便于记忆，维生素按A、B、C一直排列到L、P、U等几十种。

尽管随后人们知道，许多其他的维生素并不含有胺结构，但是由于丰克的叫法已经广泛采用，所以这种叫法并没有废弃，而仅仅将 amine 的最后一个 e 去掉，成为了 Vitamin，音译为"维他命"。

条件反射
生物科学的革命

婴儿生下来就会吮奶、吞咽,手指碰到烫的东西会马上缩回,巴甫洛夫将此称为非条件反射。他建立了条件反射的理论,这些理论是有史以来第一次对人类特有的高级神经活动所作的科学论述,它为研究人类大脑皮层的活动开辟了新的途径。

20世纪初,俄国生理学家巴甫洛夫创立的关于神经系统的"条件反射"学说,把生物生理学最重要的神经系统研究分支推进到了高级神经活动研究的新阶段。

人类对生物神经系统的探索,已有数千年的历史了。在远古的时候,人们就观察到了神经,但对神经的结构和功能没能理解。

巴甫洛夫出生的时候,正赶上生物神经系统研究飞速发展的时期。

19世纪末的一天,实验生理学家巴甫洛夫在研究胃反射的时候,注意到了一个奇怪的现象:没有喂食的时候,狗也会分泌胃液和唾液。比如,在正式喂食前,如果狗看见喂养者或者听见喂养者的声音,就会分泌唾液。他认为,一定有什么原因来解释在没有食物的情况下狗也会分泌唾液这一现象。一个最为明显的解释就是:狗意识到进餐时间快到了,正是这个念头刺激狗分泌唾液。

然而,巴甫洛夫不愿轻

巴甫洛夫在事业上的一丝不苟赢得了人们对他的尊敬。

易地采用这种主观的猜想,他以生理学家的眼光提出了自己的解释,他认为,这完全是个生理学现象:狗是由于看见或听见刺激——经常喂食的人——而在大脑里面产生一种反射,这种反射引起了生理分泌。但这些跟唾液和胃液并没有直接关系的刺激,是在什么时候以什么方式引起分泌唾液的反应呢?巴甫洛夫并不清楚。从1902年开始,他就对这一现象进行研究,而他的整个后半生也就用来研究这个现象。

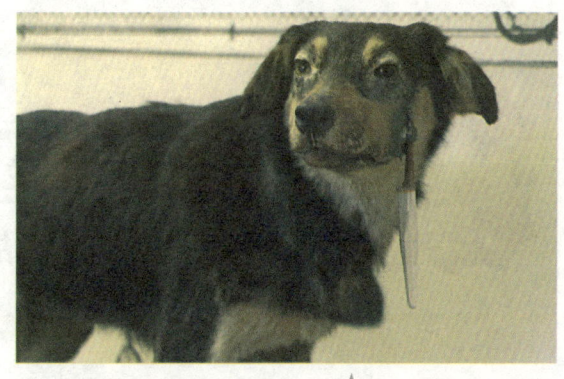

所有动物都有天生的条件反射机能,但巴甫洛夫发现条件反射可以后天学会。他让狗听见铃声就得到食物,并发现条件反射使狗听见铃声就流唾液,即使没有食物。因为,在狗的大脑中记下了这个条件反射。

为了研究是什么东西引起狗的反射性行为,巴甫洛夫设计了这样的实验:在喂食之前先出现中性刺激——铃声,铃声结束以后,过几秒钟再向喂食桶中倒食,观察狗的反应。起初,铃声只会引起一般的反射——狗竖起耳朵来——但不会出现唾液反射。但是,经过几轮实验之后,仅仅出现铃声狗就会分泌唾液。

巴甫洛夫把这种反射行为称为条件反射;把铃声称为分泌唾液这一反射行为的条件刺激;而食物一到狗的嘴里,唾液就开始溢出这种简单的不需要任何培训的纯生理反应称为非条件反射;将引起这种反应的刺激物——食物——称为非条件刺激。

为了验证条件反射的存在,巴甫洛夫和他的助手们变换了各种形式。他们变换了中性刺激,在喂食前使灯光闪动,或者在狗可以看见的地方转动一个物体,或者某个可以碰触到狗的物体,或者拉动狗圈上的某个部位,总之,各种可以被狗感受到的中性刺激都试过了;他们甚至还尝试了改变中性刺激与喂食之间的间隔时间,结果都证明条件反射的确是存在的。

巴甫洛夫的实验室

巴甫洛夫的条件反射学说具体地、科学地阐明了动物机体如何同它的外环境建立精确的相互关系,开辟了高级神经活动生理学的研究领域,引起了生物科学的革命,把生物学研究推进到了一个崭新阶段。

链霉素
人类战胜结核病的新纪元

在人类的历史上,肺结核这种传染性疾病曾一度流行。长期以来,这个被人们称为白色瘟疫的可怕疾病,犹如洪水猛兽般令人深深畏惧。自从链霉素发现以后,肺结核得到了有效的控制,人类谈核色变的情况就一去不复返了。

结核病在人类历史上曾肆虐了几千年!从马王堆西汉古墓的女尸到埃及古老的"木乃伊",均可发现结核病侵袭的痕迹。直到40多年前,结核病还像癌症一样,给人类带来了巨大的灾难。链霉素的发现,结束了结核病肆虐的历史。

历史不会忘记链霉素的发现者——塞尔曼·亚伯拉罕·瓦克斯曼。1924年,他所在的研究所接受了结核病协会提出的科研课题:寻找进入土壤的结核菌。

瓦克斯曼带着学生,经过3年的追踪,确认结核菌进入土壤后,很快地消失了。这个很有吸引力的结论说明,土壤中存在着至少一种可杀死结核菌的微生物。瓦克斯曼立志一定要找到这种微生物。

然而,土壤里各种微生物种类有数万之多,要找到一种微生物,无异于大海捞针。然而瓦克斯曼毫不畏惧。此后,他天天泡在实验室里,对土壤中那些微生物"居民"挨家挨户地进行检查。1940年到1941年间,他所鉴定的细菌种数就超过了7000种。1942年,鉴定的细菌种数达8000种。其间,曾经发现一种链丝菌素,能够杀死结核菌等,但由于它毒性太大,因此也被

瓦克斯曼为从微生物中获得的杀菌化学制品创造了一个新术语——抗生素。

淘汰了。

1943年，当瓦克斯曼鉴定的细菌种数已达1万种后不久，他发现一种灰色放线菌，对结核菌有很强的抑制作用，且没有毒性，但他重复培养得到的结果都不一样。后来，一次幸运的机会降临了。

一天，一位农场主带了一只患了不知是什么病的母鸡来到瓦克斯曼所在的研究所。那里的一位兽医在母鸡咽喉一个白斑上取了样。他对其进行了分析，发现这就是灰色放线菌，因而将它送给瓦克斯曼进行检验。使瓦克斯曼高兴的是，和起先的培养结果不同，它能杀死许多细菌，包括结核杆菌。

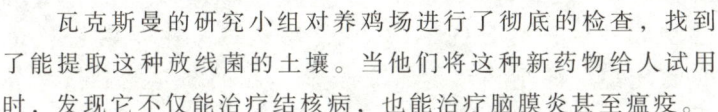

微生物学家塞尔曼·亚伯拉罕·瓦克斯曼（1888～1973），由于发现链霉素及其抗菌效应，在1952年获得了诺贝尔生理医学奖。

瓦克斯曼的研究小组对养鸡场进行了彻底的检查，找到了能提取这种放线菌的土壤。当他们将这种新药物给人试用时，发现它不仅能治疗结核病，也能治疗脑膜炎甚至瘟疫。

1944年，瓦克斯曼把放线菌的分泌物称为链霉素，正式向外界报道了他的这一研究成果，他希望医学界的专家对链霉素的临床应用作进一步的研究，以便获取最佳的使用方法。

瓦克斯曼发明治疗结核病特效药的消息传开后，世界各地表示敬意的贺电和贺信，像雪片似地飞到他的办公室，人们给予了瓦克斯曼极大的荣誉。

但瓦克斯曼并没有被成功冲昏头脑。他仍保持严谨、朴实的学风。凭着谦逊谨慎的作风、坚忍的毅力以及医学界的大力支持，瓦克斯曼对链霉素又做了深入研究，发现链霉素在使用中对采用方法和用量一定要慎重，否则容易发生危险。此外，他还发现链霉素对治疗结核性脑膜炎也有特效。后来，以链霉素的发现为起点，科学家们从放线菌中陆续发现了新霉素、土霉素、红霉素、四环素等。

人类发现并应用抗生素，是人类的一大革命，从此人类有了可以同死神进行抗争的一大武器，因为人类死亡的第一大杀手就是细菌感染。

DNA 双螺旋结构
分子生物学的崛起

随着生物技术的发展，人们在分子水平上实现了对遗传物质的重新组合，解决了许多与人类的生产和生活密切相关的问题。DNA 双螺旋结构这一生命的密码语言的发现，揭开了人类探索生命奥秘的新纪元，标志着生物科学进入了分子生物学时代。

在刚刚过去的 20 世纪，遗传学也许是发展最快、变化最快的一门自然科学学科。1900 年孟德尔揭示的生物遗传规律被重新发现，2000 年人类基因组全序列工作草图宣告完成，这两件大事充分展现了 100 年来遗传学的重大发展，而连接首尾的关节点，则是 1953 年沃森和克里克共同提出的 DNA 双螺旋结构模型。

1950 年夏天，美国人沃森获得了博士学位。此时的生物学界正在进行一场叫双结构螺旋研究的竞赛。结晶学研究的权威、英国的罗莎琳德·富兰克林已成功推出 DNA 分子有多股链，呈螺旋状。对 DNA 一无所知的沃森，在丹麦皇家学会听完劳伦斯·布拉格关于 DNA 的演讲后，决定研究 DNA 的三维模型结构。

次年秋天，沃森在导师的支持下，以美国公派博士后的身份来到英国剑桥大学卡文迪许实验室工作。在这里，他遇到了比自己年长十几岁的克里克，他们都被 DNA 结构之谜强烈地吸引着，于是，决定共同研究这一课题。

在建立 DNA 结构模型的过程

詹姆斯·沃森和英国物理学家弗朗西斯·克里克

中，沃森和克里克借鉴了美国化学家鲍林发现蛋白质结构的过程。他们注意到鲍林的主要方法是依靠X射线衍射的图谱来探讨蛋白质分子中原子间关系的。受此启发，沃森和克里克像孩子们摆积木一样，开始用自制的硬纸板构建DNA结构模型。

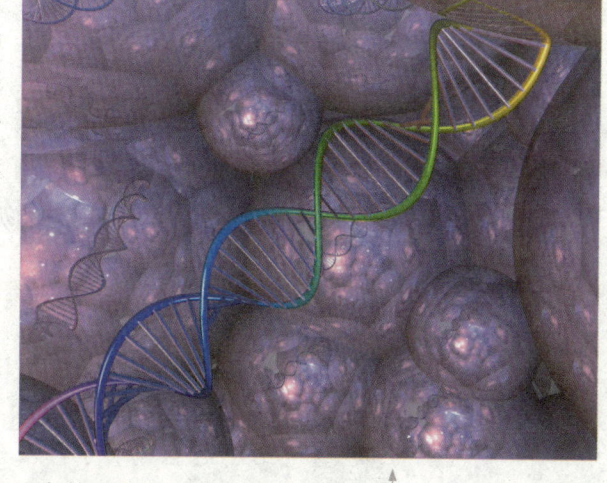

他们利用了科学家们已经发现的一些证据，如DNA分子是由含有4种碱基的脱氧核苷酸长链构成的、维尔金斯和富兰克林通过X射线衍射法推算出的DNA分子呈螺旋结构的结论等，在此基础上否定了DNA是单链和四链结构的可能，首先构建了一个DNA链结构模型，他们将模型中的磷酸——核糖骨架安置在螺旋内部。但是，以维尔金斯为首的一批科学家在对此结构进行验证时发现，沃森和克里克对实验数据的理解有误，因而否定了他们建立的第一个DNA分子模型。

早在19世纪，人们就发现了核苷酸的化学成分。1944年，奥斯瓦德·西奥多·艾弗里通过肺炎链球菌转化实验证明了DNA携带有遗传信息，并认为DNA可能就是遗传物质。

在失败面前，沃森和克里克没有气馁，他们第二次构建了一个磷酸——核糖骨架在外部的双链螺旋模型。然而，与他们同室的化学家多诺休从化学角度指出了这个模型的错误，于是，第二次实践又宣告失败了。

1952年春天，奥地利的著名生物化学家查哥夫访问了剑桥大学，沃森和克里克从他那里得到的信息是：腺嘌呤（A）的量总是等于胸腺嘧啶（T）的量，鸟嘌呤（G）的量总是等于胞嘧啶（C）的量。虽然查哥夫在1950年就发表了这个结果，但是此时他们才强烈地意识到碱基之间这一数量关系的重要意义。于是，沃森和克里克兴奋起来，经过紧张的工作，他们克服了种种困难，终于在碱基互补配对原则的基础上，使第一个DNA双螺旋结构的分子模型诞生了！

沃森和克里克共同发现了DNA的双螺旋结构，两人因此分享了1962年的诺贝尔奖。他们默契配合作出重大发现的过程，作为科学家合作研究的典范，在科学界被传为佳话。

DNA分子螺旋梯的三维模型

噬菌体
分子生物学的研究基础

无论是人、动物、植物还是微生物,都无可避免地会受到病毒的折磨,就连细菌也都存在有自己的病毒,这些吃细菌的生物体,被人们称为噬菌体。噬菌体的发现在分子生物学的舞台上起到了非常重要的作用。

在 19世巴斯德、科赫微生物奠基的基础上,20世纪,人们不断发现新的病原微生物,而且研制了许多卓有成效的治疗药物。但20世纪对生物学产生巨大影响的主要是病毒和噬菌体的研究。尤其是噬菌体的发现,成为分子生物学的研究基础。

什么是噬菌体?噬菌体是感染细菌、真菌、放线菌或螺旋体等微生物的病毒的总称。噬菌体的个体微小,其基因组含有许多个基因。目前已知的噬菌体都是只能在细菌内部合成,因为它只有利用细菌的核糖体和各种氨基酸及碱基来合成自身所需的蛋白质和复制遗传物质,一旦离开了宿主细菌,噬菌体既不能生长,也不能进行复制。

1915年,英国微生物学家特沃特在固体培养基上培养着一批细菌,在细菌生长的过程中,他一直观察着细菌的生长情形,结果他意外地发现到他的细菌有些异常现象:在细菌的菌落上有些部分慢慢地形成一种透明的胶体物质。

特沃特开始去追究为什么有些细菌会变成透明的胶体,首

噬菌体 T。

先他检查那些形成透明胶体的部分，发现那里面的细菌看不到了，接着他沾了一小部分的胶体物质放到生长正常的细菌群落上，不久之后，发现与胶体接触到的细菌也形成了一种透明的胶体状物质，经过多次重复实验之后，他认为在那胶体中一定有某一种因子存在。结果，由于第一次世界大战的影响，特沃特的研究未能继续进行。

1917年，法国医官埃雷尔提出有一种看不见的微生物能与痢疾杆菌发生拮抗作用。他认为这是一种捕食杆菌的微生物，并命名为"噬菌体"。他认为有一种光学显微镜所看不到的微生物存在着，这种微生物可以寄生在细菌体内，最后将整个细菌破坏掉。

经过长期的实验观察，埃雷尔发现那种能够使细菌分解掉的因子是一种微生物，而不是化学物质。但是，他并没有充足的实验证明。因此，这种细菌溶菌现象的本质，从20世纪20年代到30年代始终是一个争论的问题。到40年代中期，科学家已测出噬菌体的大小和含有以蛋白质为外壳和以DNA为核心的化学本质，这一切都成为噬菌体进入分子生物学的研究领域的基础。

英国微生物学家特沃特（1877~1950）在1915发表了自己对微生物的研究，发现了能攻击细菌的因子，后来由另一位医学家确定为噬菌体。这个发现使人们对生物的概念从细胞形态扩大到了非细胞形态，对分子生物学的发展起到了非常重要的作用。

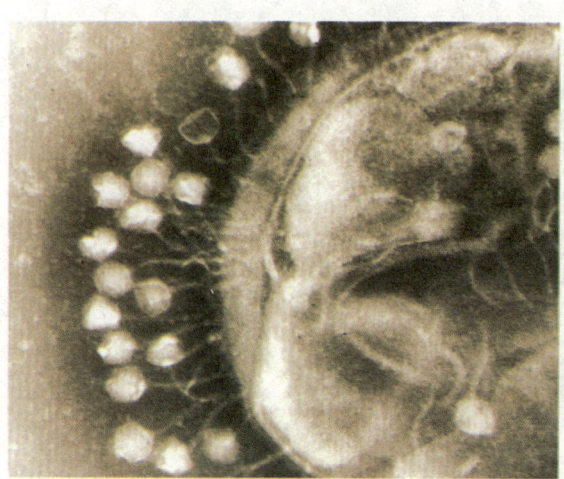

在电子显微镜下观察到附着在细菌细胞上的噬菌体，这些噬菌体的大小和形状都各不相同。

庞贝古城
被吞噬的繁华

2000多年前,意大利的古城庞贝在维苏威火山的爆发中消失了。2000年过后的今天,我们看到了历史遗留下来的痕迹——庞贝古城遗址,以它瞬间痛苦的毁灭为代价,穿越了2000年的时空,向世人诉说着生命的宝贵。

庞贝城位于意大利那不勒斯东南的维苏威火山脚下,始建于公元前6世纪,公元前89年并入罗马。由于这里濒临海湾,阳光明媚,气候宜人,很快吸引了罗马的权贵和富豪。他们在这里兴建豪华的游乐场所和宅邸,城市规模不断扩大,街市日益繁荣。到了公元70年,庞贝城已经成为富人的乐园,人口超过了2万,成为闻名遐迩的大都城。

公元79年8月24日这天,人们像往常一样开始了一天的生活。中午时分,维苏威火山不断冒出股股白烟,出现火山爆发的前兆,闷热的天气令人窒息。人们并没有太在意,他们照常生活、工作,但是他们怎么也没有想到厄运就要降临到自己的头上。

灾难即将降临!一块奇怪的云遮挡住了太阳的光芒,天空突然暗淡下来,接着"轰隆"一声巨响,岩浆从火山口汹涌而出,直冲山下,遮天蔽日的黑烟挟带着滚烫的火山灰向人们袭来,刹那间天昏地暗,地动山摇,这样的情况一直持续了8天8夜。

庞贝城方圆数十千米以内的土地、城市、建筑完完全全地被掩埋了,最深处竟达19米。所有的人和动物,都被活活掩埋,速度之快,无一幸免。即使侥幸离开家园

被发掘出来的庞贝城,其中保留了大量精美的壁画。

而逃离劫难的庞贝人，再回到家乡时，已无法找到原来的建筑。曾被誉为美丽花园的庞贝就这样沉睡在了时空之中，一切的安逸繁荣，就在刹那间消失，庞贝的历史也因此戛然而止。

不久以后，新的城镇很快又矗立起来，经过漫长的岁月，人们已忘却了这座完整密封于

图为维苏威火山爆发瞬间人们的惊恐与绝望的情景。

占地65公顷的火山屑中的罗马古城，只叫它"西维塔"。直到1600多年以后，被遗忘已久的庞贝古城才重新出现在世人面前。

1709年，一群工匠在离那不勒斯不远处打造一口水井时掘出了三尊衣饰华丽的女性雕像，但只将其当做海湾沿岸古代遗址中的文物。三十多年后，又有人掘出了被火山灰包裹着的人体遗骸，这才想起了那座被掩埋中的古城。

后来，一群意大利农民挖水渠时发现了金币，接着又掘出刻有"庞贝"字样的石头，人们这才意识到，沉睡了1600多年的古城开始苏醒了，大批考古学家和寻宝者闻风而至。最初的发掘完全是掠夺性的和破坏性的，毁坏了无数珍贵的文物。直到1860年以后，发掘工作才逐渐走上正轨。经过长达100多年大规模挖掘，这个深埋于地下、曾经有过灿烂辉煌文明的庞贝古城终于重见天日。

今天，人们看到的庞贝早已不是那个如花园一样美丽、繁华的庞贝了，它已成为历史中一页真实的标本，大到露天剧场和神庙建筑，小到街石间的车辙水沟、面包房里的种种器皿……它给予人们的是一部丰富生动并寓意深远的经济史、文化史和艺术史。

维苏威火山下的庞贝城遗址

恐龙化石
揭秘史前地球霸主灭绝真相

人类发现恐龙正是从研究恐龙化石开始的。化石是生物演化过程中留下的无字档案，根据这些化石，人们可以去追寻失去的世界。尽管恐龙灭绝了，已经被厚厚的地层画上了句号，但它们留在地层中的片片化石，却是科学家们研究的绝好证据。

恐龙是出现在距今约2.25亿年的三叠纪的爬行类动物，它们经历过侏罗纪，于距今约6500万年的白垩纪灭绝，前前后后有着1.6亿年的历史，但人类直到相当晚的时候才知道有过恐龙的存在。

19世纪以来，研究岩石中的动物、植物化石并解释它们存在的一门特殊科学已经发展起来，这门介于生物学和地质学之间的学科，被称为古生物学。当时，经过与宗教和迷信的长期斗争，人们对于化石的本质有了较正确的认识，但那时候许多古生物学家还是"业余"的，英格兰的曼特尔就是其中的一个。

曼特尔的主要职业是乡村医生，但他和他的妻子玛丽安都爱好收集化石标本，尤其对脊椎动物化石感兴趣。1822年的一天，玛丽安偶然在路边的碎石堆里发现了几枚形状奇特的牙齿化石，曼特尔看到妻子采集到的化石非常兴奋，可是他认不出那是什么动物的牙齿。

为了探明化石牙齿的来源，曼特尔把牙齿化石寄到巴黎科学院，请求当时研究古脊椎动物的权威居维叶帮忙鉴定。居维叶也从未见过

白垩纪的恐龙化石

这类化石，他只凭以往的经验再加上自己的猜测，初步断定牙齿化石可能属于一种

科学家与古生物学者一直以化石残骸来了解已绝种的恐龙。他们将化石骨骼一块块地拼凑起来构成恐龙的骨架，我们才有机会在展览馆里看到这种生活在2.5亿年前，曾统治地球长达1.6亿年的庞然大物。

灭绝的古老犀牛，而且居维叶认为这些化石的地质年代不会太遥远。

曼特尔不相信居维叶的鉴定意见，他再次将那些化石标本转送给牛津大学的巴克兰教授，请求鉴定。结果，巴克兰也同意居维叶的鉴定。两位学者的结论都不能够使曼特尔信服，他决心自己钻研出一个令自己信服的答案来。

打定主意，曼特尔收集了更多的化石，他带着化石标本来到伦敦大英博物馆，借阅资料并利用馆藏的动物标本进行对比，结果未能找到与他发现的牙齿化石类似的标本。在博物馆，曼特尔结识了一位颇富实践经验的青年博物学家斯特契贝雷。他当时正在研究一种生活在中美洲的现代巨型蜥蜴——鬣蜥。曼特尔将自己带来的牙齿化石与博物学家收集的鬣蜥的牙齿相对比，他惊奇地发现两者在形态上十分相似，只是前者比后者大得多。

普通的大鬣蜥只有1.2米长，按牙齿的比例类推，曼特尔发现的"大蜥蜴"体长可达12米。曼特尔喜出望外，经过思索，他首先肯定，这些牙齿的化石不是哺乳动物的，而是属于爬行动物的，并且是一种现在已经灭绝了的巨大的食草爬行动物。曼特尔将这种动物命名为"Iguanodon"（古鬣蜥），翻译成汉语就是"禽龙"。

1825年，曼特尔在英国皇家学会会刊发表的一篇简报中，报道了关于禽龙化石的发现，这篇文章可以说是第一篇正式发表的关于恐龙的论文。

在曼特尔之后，恐龙化石又陆续被发现。二十多年后，英国古生物学家欧文为了说明在中生代地层中发现的陆栖的大型爬行动物，首先创造了"Dinosaur"（恐龙）这一名称。

曼特尔（1790～1852），英国医生，地质学家和古生物学家。曼特尔长期致力于中生代古生物的研究，并在白垩纪的地层中首次发现了著名的恐龙类爬行动物。在当时已知的5个属的恐龙中，有4个属是曼特尔发现的。

自从恐龙名称问世，已经使用了150多年。初期发现的恐龙化石个体比较巨大，看上去有点"恐怖"，因此叫恐龙。其实，现在知道，恐龙也有小的，有的甚至只有小狗或公鸡那么大，显然无须"恐怖"。即便是大个的恐龙，也不是个个都"凶暴"，它们中的大多数是吃植物、性情温顺的恐龙。

始祖鸟化石
地球上最古老的"鸟"

鸟类作为人类的朋友，得到了我们的关注。相形之下，鸟类学家关注的是它们的现在和未来，而古生物学家则更关注它们的过去。始祖鸟是目前已知的最早的鸟类，它的发现对于全面了解鸟类从古至今的演变与进化有着十分重大的意义。

德国发现的始祖鸟化石标本。始祖鸟是鸟类的祖先，生活于侏罗纪，被人评为世界上最早的鸟。

1859年，在达尔文《物种起源》发表的时候，古生物学家还没有发现一具能够直接证明生物进化的所谓过渡型化石。达尔文解释说，这是由于化石记录极为不完全。化石的形成是一个非常偶然的事件，过渡型生物体要碰巧被保留下来并被人们发现，更为偶然。但是，仅仅过了2年，第一具过渡型化石——始祖鸟，就在德国出土了。它既有爬行类的特征，又有鸟类的特征，明显是从爬行类到鸟类的过渡型。

关于鸟类从何而来的问题，人类很早就开始探讨了。1861年，在德国巴伐利亚省的索伦霍芬发现的始祖鸟化石，显示出鸟类与爬行类之间有着密切的关系。

迄今为止，人类已经发现了1个羽毛化石和7具始祖鸟化石标本，这些珍贵的资料全都是在德国巴伐利亚地区的索伦霍芬附近的侏罗纪后期（距今约1.5亿年）石灰岩地层中发现的。在侏罗纪时期，索伦霍芬一带是一片潟湖，潟湖底部的水含氧量极低，非常有助于化石的形成和保存。

在 19 世纪，索伦霍芬成了用于平版印刷的优质石灰石的主要产地，采石工人们在开采、挑选石材的时候，很容易就能发现一些动物的标本。

1861 年 8 月，德国古生物学家冯迈耶宣布在该处地层中发现了一个羽毛化石。人们还来不及对这个消息作出反应，一个多月后，冯迈耶又宣布在同一个地方发现了一具较为完整（缺少头部）的化石标本，这具化石标本清楚地显示出这种古生物有一对长着羽毛的翅膀，冯迈耶将之命名为"Archaeopteryx Lithographica"，意思是"长着古翼的印版石"，中文意译为"始祖鸟"。

根据始祖鸟的骨骼构造，推测还原的某一种始祖鸟的外貌。

出土这具始祖鸟化石的采石场的主人把这块化石作为治病的报酬给了当地的医生、化石收藏者卡尔·哈伯伦。后来，哈伯伦为了给女儿办嫁妆，向外界表示愿意出售该标本。大英博物馆自然历史部的负责人理查德·欧文是当时公认的古生物学权威，也是达尔文进化论的主要反对者，他把始祖鸟化石视为一大威胁，决心不惜任何代价将它买来控制在自己手中，由他本人来作权威鉴定。1862 年 10 月 1 日始祖鸟化石抵达大英博物馆，以后一直留在那里，被称为"伦敦标本"。

近年来，科学家们一直没有停止对始祖鸟化石的研究。他们陆续在中国、西班牙、法国各地发现了多种与始祖鸟类似的过渡型化石，特别是在中国辽西，这类化石的种类之多、数量之巨，更是令人叹为观止。它们有的是恐龙与始祖鸟之间的过渡型，有的则是始祖鸟与鸟类之间的过渡型。它们未必就是鸟类的直接祖先，但是同时具有爬行类和鸟类的特征，属于过渡型，却是可以肯定的。这些化石已充分证明了鸟类是从一种恐龙（虚骨龙类）进化来的。

汉谟拉比法典
最早最完备的成文法典之一

《汉谟拉比法典》是现存最早的也是最完备的成文法典之一。它反映了两河流域当时的社会经济情况，是研究古巴比伦社会的重要资料。

汉谟拉比

1901 年12月，法国人和伊朗人组成的一支考古队在伊朗西南部一个名叫苏萨的古城旧址上进行发掘工作。

一天，他们发现了1块黑色玄武石，几天以后又发现了2块，将3块拼合起来，恰好是一个椭圆柱形的石碑。这块石碑高2.25米，底部圆周为1.9米，顶部圆周为1.65米。在石柱上半段，雕刻的是正义之神沙玛什端坐在宝座上，汉谟拉比国王恭敬地站在他面前，沙玛什正在把象征王权的标志——王笏——授予汉谟拉比。石柱的下半段则是用箭头或钉头那样的楔形文字记录的法典的具体内容。这个石碑就是世界上最古老、最完整的一部法典——《汉谟拉比法典》。

公元前1600多年，汉谟拉比率领他的游牧民族占领了美索不达米亚，建立了巴比伦帝国。他的臣民们相互之间常常因观点不同而发生冲突，为了调整民众间的关系，维护统治秩序，他坚信能够"给臣民带来长久福祉"的唯一途径是消灭人治，"以法治国"。于是，汉谟拉比拟订了一套全体人民都必须遵从的法律，这就是人类历史上第一部成文法——《汉谟拉比法典》。《汉谟拉比法典》的制定标志着古西亚法律制度

在颁布法典的同时，汉谟拉比还建立了一个巴比伦宗教，来代替多神崇拜。

的进步和国家的成熟。该法典分为序言、正文和结语3部分，比较全面地反映了当时的社会情况。

在巴比伦社会中，除了奴隶主和奴隶，还有自由民，这部法典的很多条文是用来处理自由民的内部关系的，处理的原则是"以牙还牙，以眼还眼"。

对于奴隶主、自由民、奴隶，法典有着不同的规定。比如奴隶主弄瞎了自由民的眼睛，只要拿出一定量的银子就可以了；如果弄瞎的是奴隶的眼睛，则不需要任何的赔偿。

在当时，奴隶主作为一个特殊的阶层，有着很多的特权。若是奴隶不承认他的主人，只要奴隶主拿出能证明奴隶是属于自己的证明，按照法典中的规定，这个奴隶的耳朵就要被割去。类似这样严厉的规定，法典中还有很多，甚至还有比这更加严厉的：逃避兵役的人一律都要被处死，帮助奴隶逃跑或帮助逃跑奴隶躲藏的人也要被处死，破坏水利设施的人将受到严厉处罚直到处死。

汉谟拉比就是依靠这部法典中详尽、严厉的规定，才建立起了严密的奴隶制统治。但随着两河流域连年的战争，这部法典随着古巴比伦王国的衰落也消失不见了。直到20世纪初，当人们发现《汉谟拉比法典》后，就把它运回巴黎进行研究，现存于法国巴黎卢浮宫博物馆内。

《汉谟拉比法典》作为流传至今的楔形文字法中最为完整的一部法典，较为完整地继承了两河流域原有的法律精华，对后来西亚各国的立法产生了重要影响，是研究古巴比伦社会的重要文献。

在雕刻着《汉谟拉比法典》的石柱顶部，是汉谟拉比与巴比伦的正义之神沙玛什的雕像，汉谟拉比正从沙玛什手中接过王笏。如今，这块石柱藏于法国卢浮宫博物馆。

人类历史上的伟大发现

吐坦卡蒙陵墓
穿越时空的诅咒

"谁要是干扰法老的安宁，死亡就会降临到他头上！"这是刻在古埃及第十八位法老吐坦卡蒙陵墓上的一句诅咒。当沉睡了几千年的陵墓被开启后，这样的死亡诅咒更为陵墓本身增添了恐怖和神秘的色彩。

古代的埃及人在"国王之谷"埋葬了他们的几位最伟大的国王。到20世纪初期，考古学家们几乎已经发现了他们的全部陵墓。发掘出来的绝大多数陵墓令人失望，因为盗墓贼早已偷走了里面所有的珍宝。

然而，1922年11月的一个早晨，英国考古学家霍华德·卡特组织的考古小组发现了一座有待发掘的陵墓——少年夭折的吐坦卡蒙的陵墓。

吐坦卡蒙是古埃及第十八位年轻的法老，他统治埃及9年，公元前1350年，18岁的他神秘地死去。当卡特一行进入陵墓时，他们看到了一个特别的景象。这座陵墓已被封3000多年，从来未被盗墓贼发现过。陵墓内的每件物品都原封未动。其中有一个墓室装满了食品、家具和用于冥府的各种财物。考古小组由此发掘出文物3600多件。

吐坦卡蒙的墓位于埋葬法老的"国王之谷"的峭壁脚下。它由4个墓室组成，整个墓室就像一个收藏极为丰富的博物馆，墓内的珠宝、工艺品、家具、衣物、化妆品以及各种兵器多达5000余件。

国王吐坦卡蒙单独躺在一个墓室里，棺室由2个武士塑像守护。里面有4个金色的神龛，1具水晶石棺和3个套棺。内棺由纯金制成，躺在棺内的吐坦卡蒙带着一副很大的黄金面具，他表情静穆，略带哀伤。这副面具和他本人的相貌几乎一模一样。他

吐坦卡蒙面具

胸前陈放着年轻王后在盖棺之前给他献上的由念珠和花形雕刻串成的领饰。吐坦卡蒙并不孤单,他坟墓里还有2个流产的女婴陪他。墓内还有一幅壁画,展现了这位年轻而又神气的法老正被2位天神接往天国。吐坦卡蒙法老的木乃伊用薄薄的布裹缠着,浑身布满了项圈、护身符、戒指、金银手镯以及各种宝石。其中还有2把短剑,一把是纯金的,另一把是金柄铁刃。后一把极为罕见,因为埃及人那时候刚刚知道使用铁。尽管吐坦卡蒙不是古埃及历史上功绩最为卓著的法老,但他却是最能代表古埃及文明的法老,他的黄金面具已经成了埃及古老文明的象征。

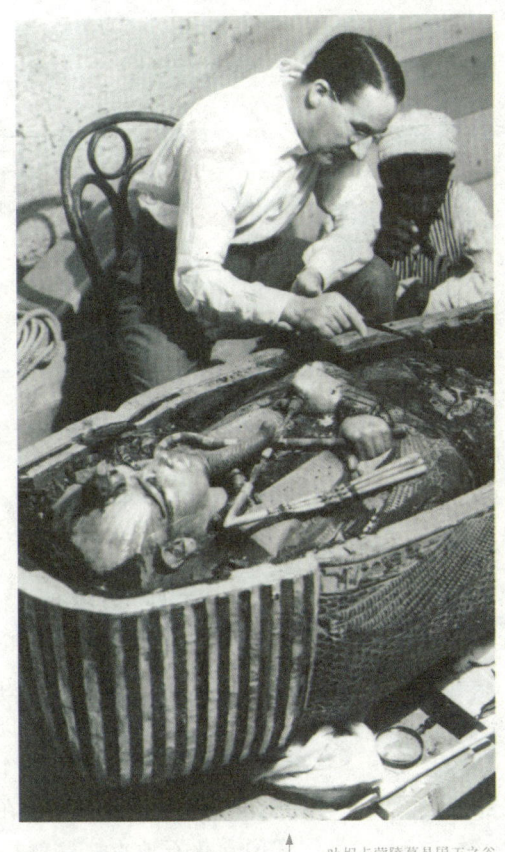

如此之多的珍贵文物集中在一个古墓内出土,这是史无前例的。人们整整用了10年的工夫,才将这批珍品整理完毕,转入开罗的埃及国家博物馆。

据说,在吐坦卡蒙的陵墓中还发现了几处法老的诅咒铭文:"谁要是干扰法老的安宁,死亡就会降临到他头上!"后来,参与发掘的20多人竟然先后死去……数十年来,法老的咒语越传越邪乎,令众多考古学家和观光客忧心忡忡。

但事实上,现在科学家已经证明了,"法老的诅咒"是根本不存在的。第一批进入吐坦卡蒙墓地的人员中非正常死亡的只占5%而已,而其他所谓的法老的诅咒而引起的事件,有很大一部分是杜撰出来的。

吐坦卡蒙陵墓是国王之谷中最后被发现的一座法老墓,也是唯一一座未遭破坏的墓。

霍华德·卡特发现了戴着"黄金面具"的吐坦卡蒙木乃伊。

北京人
世界文化遗产中的奇珍

大约在 70 万年前,在北京房山周口店地区,就有原始人类在那里劳动、生息,这就是举世闻名的北京人。北京人化石的发现,为研究远古类人动物的生活和当时环境的变迁提供了难得的实物证据。

北京人,又称北京猿人,现在在科学上常称之为"北京直立人",生活在距今 70 万~20 万年前。

1918 年,中国北洋政府矿政顾问、瑞典地质和考古学家安特生在北京市西南周口店的山洞里发现一处含动物化石的裂隙堆积。1921 年,安特生和奥地利古生物学家师丹斯基等人在当地群众引领下,在龙骨山北坡又找到一处更大、更丰富的含化石地点,这就是后来闻名于世的北京人遗址。

这处遗址位于北京市西南房山周口店龙骨山。根据我国考古学家贾兰坡的研究,周口店自宋代以来就出现了"龙骨",历代不断当药材出售,因此,这个地方被称为龙骨山。"龙骨"实际就是远古动物的化石。清末以来,西方一些学者已经注意到对周口店"龙骨"的研究,民国初年开始了小规模挖掘。

1926 年,师丹斯基又整理出周口店的 2 颗古人类牙齿,引起了国际学界的轰动。1927 年,由美国洛克菲勒基金会资助的、发掘"人类材料"的考古工作在龙骨山正式开始。当年又发现了一颗人齿化石,加拿大人步达生以这颗牙齿为证,为新发现的这种原始人类起了个拉丁文学名——"中国猿人北京种",俗名"北京人"。步达生携带这颗牙齿周游世界,但结果令人失望,国际学术界普遍认为他无知大胆,用如此少的材料居然得出了重大的结论。

继续进行的发掘工作收获不大,到 1929 年,洛克菲

考古学家裴文中

勒基金会的代表已经表露出不再投资的想法，主持发掘的考古学家纷纷离去，只留下从北京大学地质系毕业不久的年轻助手裴文中继续负责挖掘工作。不久，裴文中也接到立即停止工作的命令，但是他决定再做一次最后的尝试。

这是一个有历史意义的决定，这个简单的决定改变了中国史前时代研究的命运。

12月2日，裴文中和一些考古学者来到北京西南48千米处的周口店，期望能够发现更多远古人类遗骨的化石。这一天，龙骨山上刚降过小雪，凛冽的寒风丝毫没有影响到考古学者们的热情。一切准备就绪，他们就用绳索把25岁的裴文中吊进深深的洞穴里，裴文中在洞内进行着艰苦的搜索，就在他即将离开洞穴的时候，他看到了洞口不远处一个黑黑的、圆圆的东西，这正是他们梦寐以求的目标——距今50万年的北京人的头盖骨。

北京人的文化遗物包括石制品、骨角器和用火遗迹。北京人穴居，在北京猿人住过的山洞里有很厚的灰烬层，表明北京猿人已经会使用火和保存火种；在灰烬中发现被敲破的烧骨，表明他们已经知道吃熟食。

以后陆陆续续挖掘，在周口店龙骨山共发现了23处遗址，其中以编号第一、第四、第十三、第十五的地点最重要，接连发现3个北京猿人的头骨、十几个下颌骨和一些腿骨、臂骨化石，并找到了大量的石器和用火的痕迹。尤其是第一个地点，发现的古物最有价值，有北京人完整的头盖骨、面骨、下颚骨、牙齿及残破的腿骨、胫骨、臂骨、锁骨、腕骨等共计百余件。

北京人骸骨化石个体数目之多，文化遗存之丰富，发掘记录之完整，在世界远古人类发展历史的研究上是绝无仅有的。这不仅是中国远古文化的瑰宝，也是世界文化遗产中的奇珍。

1966年北京人头盖骨发现处